U0220332

高等学校消防专业系列教材

危险化学品安全管理基础

主　编　唐朝纲

副主编　安正阳　范红俊

编　者　范茂魁　刘　彬　王媛原

李振青　张成立

机 械 工 业 出 版 社

“危险化学品安全管理基础”是消防教育重要的专业基础课程之一。本书依据《危险化学品安全管理条例》（国务院令第 591 号）和《危险货物分类和品名编号》（GB 6944—2012）等最新修订发布的相关法规和标准，结合我国危险化学品安全管理和应急救援工作的实际需要编写而成。本书系统地介绍了安全管理基本原理，危险化学品重大危险源辨识及安全评价，危险化学品的概念、分类、编号、危险特性，危险化学品的包装和安全标签，危险化学品安全管理法规体系等内容。为满足教学需要，还增加了危险化学品事故概述、炸药爆炸、学生实验三部分内容。

本书章节安排合理，体系完整，由浅入深，循序渐进，重点突出，能够引导读者全面了解和掌握危险化学品安全管理基础知识。

本书可作为高等院校消防指挥专业的教材，也可作为从事危险化学品安全管理和事故救援的工程技术人员、安全管理人员、消防员的培训教材和学习参考书。

图书在版编目（CIP）数据

危险化学品安全管理基础/唐朝纲主编．—北京：机械工业出版社，2018.7（2025.3 重印）

高等学校消防专业系列教材

ISBN 978-7-111-60564-5

Ⅰ．①危…　Ⅱ．①唐…　Ⅲ．①化工产品—危险物品管理—高等学校—教材　Ⅳ．①TQ086.5

中国版本图书馆 CIP 数据核字（2018）第 168315 号

机械工业出版社（北京市百万庄大街 22 号　邮政编码 100037）

策划编辑：常金锋　　　　责任编辑：常金锋

责任校对：孙丽萍　陈　越　封面设计：路恩中

责任印制：单爱军

北京虎彩文化传播有限公司印刷

2025 年 3 月第 1 版第 8 次印刷

184mm×260mm · 11.75 印张 · 270 千字

标准书号：ISBN 978-7-111-60564-5

定价：32.00 元

电话服务　　　　　　　　网络服务

客服电话：010-88361066　机　工　官　网：www.cmpbook.com

　　　　　010-88379833　机　工　官　博：weibo.com/cmp1952

　　　　　010-68326294　金　书　网：www.golden-book.com

　机工教育服务网：www.cmpedu.com

前　言

教材建设是院校建设的一项基础性和长期性工作。配套、适用、体系化的专业教材不但能满足教学工作的需要，还对深化教学改革、提高人才培养质量起着极其重要的作用。

本次教材编写工作，认真贯彻“教为战”的办学思想，紧贴当前消防工作和消防人才培养的新需要，立足教学实际，注重学科专业体系化建设，注重对相关学科知识内容的更新，特别是对前沿消防科学技术、安全理论研究成果、危险化学品安全管理新法规和标准进行了吸纳和应用；围绕人才培养目标，教材内容和结构安排能较好地满足案例教学和实验教学的需要，着重提高学生的安全管理理论水平和实际工作技能。本教材可作为消防指挥专业人才培养的教学用书，也可作为企业专职消防员培训和消防工程技术人员的工作参考书。

本书由唐朝纲教授担任主编，安正阳副教授、范红俊教授担任副主编。编写人员分工如下：唐朝纲（第一章、第三章第二节和第六章实验 1～实验 4）；范红俊（第五章第二节、第三节和第六章实验 9～实验 17）；范茂魁（第三章第七节、第八节和第四章第三节）；刘彬（第二章第一节和第三章第三节）；安正阳（第三章第一节、第六节和第四章第二节）；王媛原（第三章第五节、第十节和第四章第五节）；李振青（第二章第二节和第三章第四节）；张成立（第三章第九节，第四章第一节、第四节，第五章第一节和第六章实验 5～实验 8，附录）。

由于编者学识水平和实践经验有限，书中难免有不足之处，敬请读者和同行给予批评指正。

编　者

目 录

第一章 绪 论

【学习目标】

1. 了解人类活动与危险化学品灾害事故的关系。
2. 熟悉危险化学品安全管理的重要性和学科研究内容。
3. 掌握危险化学品安全管理与消防工作的关系。

危险化学品是指具有毒害、腐蚀、爆炸、燃烧、助燃等性质，对人体、设施、环境具有危害的剧毒化学品和其他化学品。近半个多世纪以来，在全球范围内，因操作不当、管理不善、处置不力导致的危险化学品重、特大灾害事故频繁发生，造成了重大的人员伤亡、巨大的财产损失和严重的环境污染。这一安全形势已引起了世界各国的高度重视，纷纷采取有效的对策措施，进行广泛的交流与合作，加强对危险化学品的安全管理，预防危险化学品灾害事故的发生。

一、人类活动与危险化学品灾害事故

世间万物都具有两种基本的性质，即物理性质和化学性质。因环境温度、压力因素的变化使得物质形态（即固态、液态、气态）发生转变，这种变化属于物理变化。一般情况下物态变化是一种温和的变化，只要环境条件变化不是特别剧烈（如骤冷、急剧升温或增压等），那么仅物态的变化是不易引起灾害发生的。然而除了物理变化之外，物质本身可能分解，或是与其他物质反应，生成新的物质，即表现出化学变化的特性。在化学变化过程中，除了有新物质生成，同时往往还伴随着能量变化，产生热效应或光效应，若是剧烈的化学反应失控（如燃烧、爆炸），就会酿成恶性的灾害，如火灾、爆炸事故等。

纵观地球上的物质系统，在经过亿万年的衍生变化后，除了地核内的高温熔岩有时会引起火山喷发外，冷却下来的地壳物质已经处于相对稳定的状态，大部分活性元素已形成了稳定的化合物。如钠、钾、钙、镁、铝等活泼金属元素早已变成了它们的盐类或氧化物；像氟、氯、溴、碘、磷等活泼非金属元素的单质在自然界中已不存在，它们都与其他元素结合生成了化合物，如食盐、石头、磷矿石等。自然状态中，即便存在少量几种活泼元素的单质，如氧气，也被惰性的氮气稀释包围，使得化学活性大大降低。另外，还有像煤炭、石油、天然气等物质，虽然它们易燃易爆，具有极不稳定的化学活性，然而自然界中这些危险物质则是深埋于地下，若不是人类的活动，它们很难“重见天日”。因此，正如地球物理学家所说：“相对而言，我们很幸运，因为我们生活在稳定的地球家园。”

然而，自从有了人类的活动，物质的自然稳定状态受到了人为的干扰，使得物质变化的发生有了更多的机会，变化的诱因有了更大的随机性，从而增加了危险化学品灾害事故发生的几率和危害严重程度。统计数据表明，在人类社会发展进程中，几乎每一起危险化学品灾害事故的发生，无论是生产还是生活造成的，或是战争的破坏，都与人类的活动有关，而且灾害损失指标的绝对增加值与社会经济的发展水平有着直接的关系。在原始农业时代，人类用刀耕火种的方式进行农业生产是对环境破坏的开始。工业革命的到来使得化学工业蓬勃兴起，规模化石油化工、煤化工生产已成为人类产业活动中极其重要的组成部分，这使得亿万年来一直沉睡于地下的石油、煤炭、天然气或矿石变成了重要的能源或原材料。通过化工生产，种类复杂、数量巨大的化工产品，如爆炸品、易燃品、腐蚀品、氧化剂、毒气、农药、化肥等层出不穷地生产出来，加上世界贸易促成的物资大流通，更是加剧了化学工业呈普及化发展，导致危险化学品的身影“无时没有、无处不在”。因此，危险化学品在生产、储存、运输、使用、经营过程中引发的灾害事故指标（起数、经济损失、人员伤亡、环境危害等）都呈现出上升的态势。

化工产业一度被环境学家视为最肮脏的行业，被安全学者认为是危险有害因素最多的生产活动。可是，若没有化学工业的帮助，许多化学材料如颜料、合成塑料、合成树脂、合成纤维、合成橡胶等又无法生产出来，以致就不能有汽车、飞机等现代交通工具，也不会有五颜六色的染料、化纤、塑料等商品。所以，历史和现实证明，只要社会经济要发展，人类与危险化学品相关的生产、储存、运输、使用等活动就不会停止和消失。从哲学的观点来看，这种不和谐的发展矛盾是客观存在的，因此，危险化学品引发的事故必然贯穿于人类社会发展的始终。

二、危险化学品安全管理的重要性

（一）危险化学品固有特性的客观要求

据报道，世界上已知的化学品多达 1000 万种，常用的化学品已超过 8 万种，而且每年仍有 1000 余种新的化学品问世，化学品的产量也由 50 年前的 100 万吨发展到现在的 4 亿吨。在这些化学品中，有相当一部分是易燃易爆、有毒有害、腐蚀或放射性的危险化学品。例如在我国，列入《危险化学品目录》（2015 版）的危险化学品达 2828 种。

一方面由于危险化学品种类繁多、成分复杂，加之其流通使用范围十分广泛，所以客观上增加了危险化学品安全管理的难度；另一方面，由于危险化学品具有易燃、易爆、有毒、腐蚀等危险性，所以无论是在生产、储存、运输或是经营使用的任何一个环节，只要稍有不慎就可能酿成灾害事故。此类灾害事故具有成灾迅速、波及范围广、难以处置和洗消困难的特点，加之许多危险化学品集多种危害特性于一体（如浓 H_2SO_4 具有腐蚀性和强氧化性；黄磷易自燃，直接接触有中毒、灼伤皮肤的危害等），还会造成多种次生灾害，从而加重事故的危害程度。危险化学品本身正因为如此危险有害，所以客观上要求人们必须始终牢固树立“安全第一、预防为主、综合治理”的思想，对人员进行安全教育培训，技术上采取安全措施，切实加强危险化学品的安全管理。

（二）保护生态环境的基本需要

生态环境是人类稳定健康生活的基础，清洁的空气、水源、土壤，茂密的植被和有序的食物链是构成良性生态系统的前提和保证。但是由于人类的活动，每天都要产生大量的危险废物影响环境的质量。随着工业的不断发展和城市化进程的加快，这种不良趋势变得日益加重。据统计，在美国这样高度发达的工业化国家，与化学工业相关的产业（如炼油、煤炭、橡胶、塑料、化工原料），每年产生的危险化学废物量占其废物总量的65%以上，所以化学废物对生态环境的破坏性影响十分巨大。为此，世界各国政府对化学废物的处理都十分重视，并制定了相应的法律法规和处理排放标准，对危险废物进行管理，如我国就有《环境保护法》《固体废物污染环境防治法》，以及专门针对危险废物鉴别的《危险废物鉴别标准　腐蚀性鉴别》（GB 5085.1—2007）、《危险废物鉴别标准　急性毒性初筛》（GB 5085.2—2007）、《危险废物鉴别标准　浸出毒性鉴别》（GB 5085.3—2007）、《危险废物鉴别标准　易燃性鉴别》（GB 5085.4—2007）、《危险废物鉴别标准　反应性鉴别》（GB 5085.5—2007）、《危险废物鉴别标准　毒性物质含量鉴别》（GB 5085.6—2007）和《建设项目环境风险评价技术导则》（HJ/T 169—2004）等国家或行业标准。从危害性来看，所有危险化学品都对人和环境具有一定的危害风险，所以危险化学品无论是以什么方式泄漏或散落到环境中，如果处置不当都可能成为危险废物，就会对环境造成危害。因此，危险化学品无论是正常产生，还是在事故中泄漏或散落都必须按国家规定进行集中回收、处置，并加强环境监测。

（三）社会经济可持续发展的需要

社会可持续发展，即“既满足当代人的需要，又不对后代人满足其需要的能力构成危害”的发展，这是联合国大会提出的人类社会的科学发展观。化学工业作为人类文明的标志之一，它的诞生源于以蒸汽机的发明（1765年）和使用为标志的西方工业革命的到来，它的发展史不过是近250年的时间。石化和煤化工业为人类生存提供了能源和数十万种化学品，但也发生了很多人员伤亡、环境污染的重大事故，对人类社会的可持续发展构成了巨大威胁。一些严重的危险化学品灾害事故案例如下。

事故一：1976年，意大利北部名叫塞维索的小镇，一家农药厂的反应釜泄漏出大量的TCDD（四氯二苯并二噁英），导致2000多居民受影响被迫疏散。

事故二：1984年，美国联碳化学公司设在印度的博帕尔农药厂约40t甲基异氰酸酯发生泄漏，造成2.5万人死亡、5万余人失明、20万人残疾、55万人受伤，150多万人受影响，约占博帕尔市总人口的一半。

事故三：2004年4月16日，重庆天原化工厂发生氯气泄漏爆炸事故，当场死亡9人，重伤3人，政府紧急疏散居民15万人。此次事故共有10000多人参加抢险，事故对社会的影响程度被媒体喻为“城市里的战争”。

事故四：2005年11月13日，吉林石化“双苯厂”爆炸事故，除了造成生产车间上亿元的直接经济损失外，还造成了严重的松花江污染事故。据事故评价报道，需要在十余年的时间内，投入上百亿的资金，才能使受污染的松花江沿岸的生态得以恢复。

事故五：2010年7月28日，江苏省南京市一处地下丙烯管道破损，发生丙烯泄漏爆燃事故，造成13人死亡、120人住院治疗，波及范围达2km^2，使3000多户居民房屋受损。

事故六：2010年12月4日，贵州省黔东南凯里市清平南路上，一间违法危化品仓库发生爆炸事故，导致7人死亡、39人受伤。

事故七：2012 年 2 月 28 日，河北省石家庄市赵县工业园区内，河北克尔化工有限责任公司硝酸胍生产车间发生爆炸事故，造成 25 人死亡、4 人失踪、46 人受伤。

事故八：2015 年 8 月 12 日，位于天津市滨海新区天津港的瑞海公司危险品仓库发生火灾爆炸事故，造成 165 人遇难（其中现役消防员 24 人、专职队消防员 75 人、公安民警 11 人，事故企业、员工和居民 55 人），8 人失踪，798 人受伤；有 304 幢建筑物、12428 辆商品汽车、7533 个集装箱受损，直接经济损失 68.66 亿元。

事故九：2017 年 5 月 23 日，河北省保定市涞源县境内的张石高速石家庄方向浮图峪 5 号隧道内发生一起车辆爆炸燃烧事故，造成 13 人死亡，3 人重伤，9 部车辆受损，其中 1 辆货车载有危险化学品氯酸钠。

事故十：2017 年 6 月 5 日，山东省临沂市临港经济开发区内，金誉石化有限公司一辆石油液化气罐车发生燃爆事故，造成 10 人死亡、9 人受伤，另有 15 辆危险货物运输罐车、1 个液化气球罐和 2 个拱顶罐毁坏。

更多典型的危险化学品灾害事故见表 1-1。

表 1-1　20 世纪 40～80 年代典型重特大工业事故

事故类型	介质	死	伤	地点	年份
工业爆炸	二甲醚	245	3800	德国，路德维希港	1948
	煤油	32	16	德国，比德堡	1954
	环已烷	28	89	美国，伊利诺伊州，东路易斯	1972
	丙烯	14	107	荷兰，毕克	1975
工业火灾	甲烷	136	77	法国，费兹	1944
	液化石油气	18	90	美国，俄亥俄州，克利夫兰	1966
	液化石油气	40		美国，纽约州，斯塔腾岛	1973
	甲烷	52		墨西哥，圣克鲁斯	1978
	液化石油气	650	2500	墨西哥，墨西哥城	1985
毒物泄漏	光气	10		墨西哥，波兹瑞卡	1950
	氯气	7		德国，威尔逊	1952
	氨气	30	25	哥伦比亚，卡塔赫纳	1977
	硫化氢	8	29	美国，伊利诺伊州，芝加哥	1978

因为有如此众多的重特大危险化学品灾害事故在不断发生，所以化学工业及其产品给人们产生了不好的印象，被认为是一种“危险和肮脏”的行业，若不采取积极有效的措施加以管理，危险化学品的灾害将给社会造成巨大灾难，并直接影响人类社会的可持续发展。

近年来，随着我国经济建设的快速发展，化工产业活动发展也十分迅速。据资料统计，目前我国已成为化学品生产和使用大国，主要化学品的产量和使用量都居世界前列。我国的化学工业门类齐全，包括石油开采和炼制、石油化工、化学矿山、无机化学品、纯碱、氯碱、基本有机原料、农药、染料、精细化工、橡胶加工和新材料共 12 个行业，企业总数 14000 多家，从业职工 540 多万人，能生产各种化学品 40000 多种。全国化学品生产销售收入 13000 亿元，占全国工业的 13.6%。原油一次加工能力已达 2.76 亿 t，居世界第三位，而加油站就有 95000 多家。同时，资料还显示，仅在 1996～2000 年期间，我国共发生各类化学品伤亡事故 1060 起，死亡 678 人，重伤 646 人。由此可见，在市场经济条件下，我国石油和化工企业领域，由于多种经济成分同时并存，所形成的不同运作机制和不同竞争方式给危险化学品安全监督管理造成了非常复杂的局面。在一些地区、一些企业，以牺牲安全为代价获取短期的、局部的经济利益的情况依然存在。一些企业没有把“依法自主经营、自我管理、自己承担法律责任”的主体责任制度认真落到实处，而是把“安全第一”的企业管理基本要求停留在口头上。这些因素的影响使我国危险化学品安全管理的整体质量下降，并面临着严重的形势，如不认真加以解决，各类危险化学品灾害事故的频繁发生将对国家的社会经济产生巨大的破坏作用。因此，社会经济的发展客观上要求对危险化学品进行科学管理。

三、危险化学品安全管理与消防工作

从长远来看，由于大量新技术、新工艺、新材料的广泛应用，将会导致由易燃、易爆、有毒的油、气、酸、碱、爆炸品等危险化学品引发的火灾、爆炸、中毒、污染等恶性灾害事故发生，并且类型多样，情况复杂，使应急救援的难度也越来越大。它导致社会安全形势发生急剧变化，也使得消防社会服务职能由过去单一的防火灭火工作向参加多种灾害事故的应急救援方面转变。目前，我国公安消防机构虽然对危险化学品不直接进行管理，但是要承担危险化学品灾害事故的应急救援任务，也要履行相关的消防设计审核和消防验收职能，并对落实消防安全责任制、履行消防安全职责的情况依法实施消防监督检查。因此，从实际需要来讲，参与危险化学品的安全管理和事故的应急处置已是当今社会消防工作的重要内容。同时，我们也应当认识到在与危险化学品灾害的斗争中，就消防社会服务的职能而言，“消”与“防”都是人类与自然灾害斗争的两个重要方面，而无论是“防”还是“消”，都必须在对各类危险化学品的固有特性以及此类灾害事故的原因、危害、特点等方面的内容具有充分认识的基础上来进行。在预防和处置危险化学品灾害事故中，我们也一定要树立“绿色消防”的理念，加强与化工和环保部门间的协调配合，注意环境保护。要根据危险化学品的理化性质合理制定方案，注意科学用水，为废物回收、集中处置创造条件，而不能顾此失彼，盲目射水，使危险物质四处流散，造成环境等次生灾害事故的发生。

总之，基于以上这些内在的关系和普遍的社会需要，作为一名消防指挥专业的学生，系统学习和储备有关危险化学品安全管理的知识就显得尤为重要。正因为危险化学品安全管理工作本身与消防救援队伍的岗位职责有密切的关系，所以努力学习危险化学品安全管理知识既是社会时代的要求，同时也是安全、环保等相关法律赋予我们的职责。

四、危险化学品安全管理的范畴

危险化学品安全管理是针对与危险化学品有关的生产、储存、运输、使用、经营、销毁等各个环节的安全管理。管理目的是通过依法科学管理，防止或减少危险化学品灾害事故的发生。管理对象包括对人（从业人员）和对物（危险化学品）的管理。

从管理的主体，即对人的管理来看，包括行政执法管理主体和自我管理主体两部分。其中行政执法管理主体是指具有国家行政管理执法权的职能部门，如安监、工商、公安、消防、环保等。这些部门机构被赋予了国家的行政权力，代表着人民的利益进行管理，其职责任务主要是对从事危险化学品的相关单位和从业人员执行国家相关法律法规的情况进行检查、监督、许可和行政处罚等。自我管理主体是指与危险化学品生产、储存、运输、使用、经营、销毁等有关的单位、主要负责人以及从业人员。《安全生产法》规定：从事危险化学品的生产经营单位必须设置专门的安全管理机构，配备有资质的化工专业安全管理人员，并对本单位的安全工作进行管理，对职工进行安全教育培训；单位的主要负责人应具有相关专业安全知识，取得资格证，并对本单位的安全工作全面负责；从业人员必须经过安全培训，取得上岗资格证等。

从管理的客体，即对物的管理来看，包括各类危险化学品在生产、储存、运输、使用、经营、销毁等各个环节的安全状况。管理的内容包括生产环节中的选址、工艺流程、生产条件等情况；储存仓库布局、道路、消防水源、消防设施等情况；运输的车辆、容器、设备的情况；生产过程中的废物销毁处理、环境达标情况等。

五、危险化学品安全管理学科研究的主要内容

从广义上讲，危险化学品安全管理工作是指对涉及危险化学品的生产、储存、运输、使用、经营、销毁等活动的全面安全管理。从学科分类来看，由于危险化学品种类繁多的多样性、成分复杂的可变性、用途广泛的社会性以及事故风险度高的危害性，使得“危险化学品安全管理”已成为“安全科学技术学科”的一个重要分支。它以危险化学品及其灾害事故为研究对象，研究的内容主要包括安全原理和基础知识两部分。

（一）安全原理部分

安全原理包括安全、危险、事故、灾害、本质安全、危险源、事故隐患等重要概念，安全与危险的关系，事故导因和机理，安全评价体系，安全管理方法等内容。通过这部分知识的学习可帮助我们树立正确的安全观，掌握科学的管理方法，学会用一般普适的安全原理指导危险化学品的安全管理。

（二）基础知识部分

基础知识包括危险化学品的概念、分类及危险特性、防范措施，危险化学品的安全管理法规、标准等内容。通过这部分知识的学习，目的在于弄懂危险化学品的客观危险性质，熟悉危险化学品安全管理的基本要求，从而帮助我们在实际工作中能“有理有据”地对危险化学品进行规范化、制度化的有效管理。

【思考与练习】

1．危险化学品安全管理与消防工作有什么关系？

2．危险化学品安全管理的范畴包括哪些？

3．危险化学品安全管理学科研究的内容有哪些？

第二章　安全原理、危险化学品重大危险源辨识及安全评价

在安全管理工作中，以安全科学为基础，认识和分析导致事故发生的原因、过程及结果，并进行理论和技术探讨，寻求相应的控制理论和方法，是安全管理的重要内容。如何采用危险化学品重大危险源辨识标准进行辨识，运用重大危险源控制系统进行控制，是安全管理的重点环节。采用科学的安全评价方法对可能存在的危险性及其可能产生的后果进行综合评价和预测，并根据可能导致的事故风险大小，提出相应的安全对策措施，则是安全管理的重要保证。

第一节　安 全 原 理

【学习目标】

1．了解安全生产管理的原理与原则。

2．熟悉安全、危险、本质安全、事故、事故隐患、危险度等安全原理的基本概念。

3．掌握安全与危险的关系和正确的安全观，掌握死亡事故概率值（FAFR）和死亡概率的计算及其应用。

安全原理是指以安全科学为基础，以事故致因理论为核心，论述人的因素、物的因素和环境的因素的控制原理和方法。它研究的主要内容包括安全观、安全认识论、安全方法论、安全社会原理和安全经济原理等。它主要围绕灾害事故的原因、过程、结果来进行理论和技术探讨及管理分析，就是要阐明事故为什么会发生（Why did it happen？），是怎样发生的（How did it happen？），要如何应对（How should we act？），也就是通常表述的“W+2H”原理模式。

一、安全与危险

安全与危险是一对普遍矛盾，是人们对生产、生活中是否可能遭受健康损害、人身伤亡或财产损失的综合认识。按照系统安全工程认识论的观点，无论是安全还是危险都是相对的。

（一）危险与危险度

根据系统安全工程的观点，危险是指系统中存在导致发生不期望后果的可能性超过了人们可承受程度的状况。由此可见，危险是人们对一种具体事物进行深刻认识的反映，它包括对危险环境和场所、危险条件和状态、危险物质和人员等方面的综合认识。

在安全原理中，危险的程度一般用危险度（或风险度、危险指数）来表示，并定义为

$$f(x)=C\cdot D \tag{2-1}$$

式中 $f(x)$——危险度；

C——危险可能性（或事故概率）；

D——危险严重度。

危险可能性（或事故概率）是指引发某种危险事故的总的可能性；危险严重度是指某种危险事故可能引起的最严重后果的估计。国际上普遍采用的分类或等级标准见表 2-1、表 2-2。

表 2-1 危险可能性（或事故概率）的分类

类别		个体	总体
A	频繁	频繁发生	连续发生
B	很可能	在寿命期内会出现数次	经常发生
C	有时	在寿命期内可能有时发生	发生若干次
D	极少	在寿命期内不易发生，但有可能发生	虽不易发生，但有理由预期可能发生
E	不可能	很不易发生，以至可以认为不会发生	不易发生，但有可能发生

表 2-2 危险严重度的分类

类别	内容说明
Ⅰ	灾难性的，即可能或可以造成大量人员死亡或系统的彻底破坏
Ⅱ	严重的，即可能或可以造成人员严重伤害、严重职业病或系统的严重损坏
Ⅲ	轻度的，即可造成人员轻伤、轻度职业病或系统的轻度损坏
Ⅳ	轻微或可忽视的，即不至造成人员伤害、职业病或系统损坏

当然，这只是一个大体的划分，对于一个具体的系统，其人、物、职业病或受损程度类别的界定以及各种危险可能性（或事故概率）等级的界定，都要有具体、明确的标准。

（二）安全与安全度

顾名思义，安全为“无危则安，无缺则全”，安全意味着不危险，这是人们传统的认识。按照系统安全工程的观点，安全是指考查系统（生产、运输、储存等系统）中人员或财产免遭不可承受危险伤害或损失的状况，也就是指在人们的生产、生活乃至一切活动的过程中，其结果都不发生人身伤害、财产损失和生态与环境破坏的状态。在安全的系统中，不发生人员伤亡、职业病或设备、设施损害或环境危害的条件，是指系统的安全条件；不因人、机、环境的相互作用而导致系统失败、人员伤害或其他损失，是指系统的安全状况。当然，这只是一种学术上的、狭义的定义，随着社会的发展和人们要求的提高，“安全”的含义也更宽、更深。如在狭义安全的基础上，要让人与设备、环境之间符合“人本安全原理”的要求，即要舒适、方便、高效，要“三安”（安全、安心、安乐）等。

为了对一项活动的安全性进行评价和比较，人们提出了安全度的概念，即安全的程度。一开始人们只是定性地用大、中、小等来描述，现在已逐渐将其量化，可用安全度的概率值（通过大量的试验）来对系统的安全状况进行评价。

（三）本质安全

本质安全是指设备、设施或技术工艺含有内在的能够从根本上防止事故发生的功能，具体包括 3 个方面的内容。

（1）失误控制安全功能　指操作者即使操作失误，也不会发生事故或伤害，或者说设备、设施和技术工艺本身具有自动防止人的不安全行为的功能，如电梯超重保护装置、机械设备防夹保护装置等。

（2）故障控制安全功能　指设备、设施或技术工艺发生故障或损坏时，还能暂时维持正常工作或自动转变为安全状态，如电气自动断电开关、火灾自动喷淋装置等。

（3）事前设置安全功能　失误控制和故障控制两种安全功能应该是设备、设施和技术工艺本身固有的，即在它们的规划设计阶段就被纳入其中，而不是事后补偿的。如系统中的防滑、防眩光、防刺伤等设计。

本质安全追求的是一种“绝对安全”的系统状态，它是安全生产管理中预防为主的根本体现，也是安全生产管理的最高境界。但实际上由于技术、资金和人们对事故的认识等原因，现实中还很难做到绝对的本质安全，它只能作为人们为之奋斗的理想化目标。

二、事故与灾害

（一）事故

事故多指在生产、工作上发生的意外的损失或灾祸。它包括两层含义：一是指发生了与人们意志相违背的事件；二是在此事件中造成了不必要的损失。如企业生产中，发生有毒有害气体泄漏，造成意外的人员伤亡等，都是发生了安全生产事故。

事故有多种分类方法，如果事件的后果造成人员伤亡或身体损害，就称为人员伤亡事故，如果没有造成人员伤亡就是非人员伤亡事故。我国在工伤事故统计中，按照导致事故发生的原因，将工伤事故分为物体打击、车辆伤害、机械伤害、触电、火灾、坍塌、瓦斯爆炸、火药爆炸、锅炉爆炸、中毒和窒息等共 20 类。

（二）事故隐患

隐患，即潜藏着的祸患。事故隐患泛指考查系统中可导致事故发生的人的不安全行为、物的不安全状态和管理上的缺陷。例如在生产系统存在的事故诱因，都是安全隐患。在生产过程中，人们凭着对事故发生与预防规律的认识，为了预防事故的发生，制定生产过程中物的状态、人的行为和环境条件的标准、规章、规定、规程等。如果生产过程中物的状态、人的行为和环境条件不能满足这些标准、规章、规定、规程时，就存在事故隐患，就可能发生事故。

安全管理的一项重要内容就是要检查和整改各种事故隐患。以事故的原因为依据，在国家事故处理标准中，将事故隐患分为 21 类，即火灾、爆炸、中毒和窒息、水害、坍塌、滑坡、泄漏、腐蚀、触电、坠落、机械伤害、煤与瓦斯突出、公路设施伤害、公路车辆伤害、铁路设施伤害、铁路车辆伤害、水上运输伤害、港口码头伤害、空中运输伤害、航空港伤害、其他类伤害等隐患。

（三）灾害事故的指标统计

灾害可分为“天灾”和“人灾”。前者通常是指不能或难以预防的（至少目前是这样）

的自然灾害，如地震、海啸等；而后者则是指人的活动所导致的灾祸，如火灾、爆炸、交通事故等。人为活动引发的灾害可以为人类认识，并可以通过人类的努力加以预防和控制。

经过研究发现，灾害事件的发生及其造成损失的情况虽然是随机的，但它们的某些损失指标符合一定的统计规律。例如关于“人身伤亡事故”的研究，美国安全工程师海因里希（Heinrich）在 1959 年揭示出一条“1:29:300”统计法则。这位工程师通过对树桩引起的跌倒事故的研究发现，在反复发生的 330 次此类事故中，有 300 次未造成伤害，29 次造成了轻伤，1 次造成了骨折性重伤。与之类似，美国通过对汽车交通事故的研究，其统计数字表明，1971 年全国发生的 1500 万起事故中，每 300 起有一起是死亡事故，每 30 起有一起是负伤事故，三者的比例为 1:30:300，相当吻合海因里希法则（海氏法则）。我国对采煤工作面发生的顶板事故统计分析为死亡:重伤:轻伤:无伤=1:12:200:400；对全部煤矿事故为死亡:重伤:轻伤=1:10:300。进一步的研究表明，事故造成的损失有直接损失和间接损失，且多数情况下是后者大于前者。据海因里希对大量事故灾害的统计分析，发现直接损失与间接损失之比多在 1:2～1:10 之间，具体的比值因事故灾害种类不同而异，一般平均为 1:4 左右。事故的这一统计规律常被称为事故指标的“金字塔”法则。如海因里希树桩实验的事故伤亡指标统计规律如图 2-1 所示。

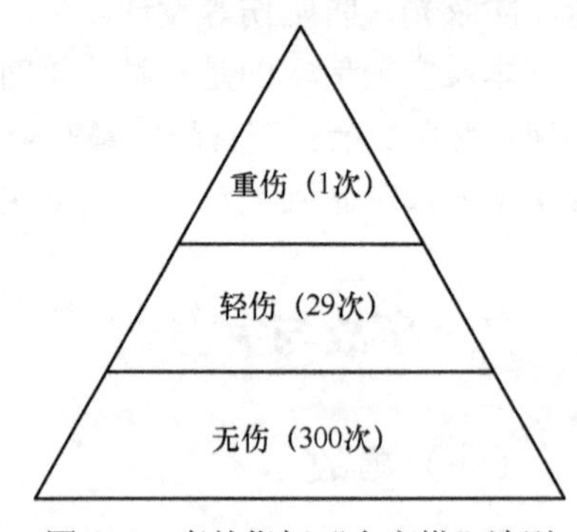

图 2-1　事故指标“金字塔”法则

事故因种类、情节不同而造成重伤（甚至死亡）、轻伤和无伤害的比例会有所不同。海氏法则的重要意义不在于这些具体数字，而是在于事故及所造成的伤害或损失之间的确存在着一定的规律与概率的关系，从而为事故预测、预防提供了依据。海氏法则告诉人们一个道理：事故发生是随机出现的，但要预防事故必须通过经常仔细排查整改大量的事故隐患才能实现。当进行任何一项工作时，出现了事故（哪怕是无伤害、无损失的小事故）也不能不在乎，因为它预示着小事故还可能再次出现，出现多了就可能有大事故，而且大事故并不一定只是在最后出现，也可能是最先一个或一群中的任何一个。因此，在安全管理工作中，人们必须通过对大量的基础的事故隐患进行经常性排查、分析、整改，才能把事故苗头消灭在萌芽状态，达到安全的目的。现在人们在安全管理中常说的“四不放过”（即事故原因未查清不放过，当事人和群众没有受到教育不放过，事故责任人未受到处理不放过，没有制定切实可行的预防措施不放过）从这里可以找到理论依据。

三、安全与危险的关系

安全与危险的关系是对立统一的，它们好比一枚硬币的正反两个面，它们既互为存在的条件，又可互相转化，并处于对立统一的运动状态之中。其关系可用以下公式进行描述：

$$S=1-D \tag{2-2}$$

式中　S—— 安全；

　　D—— 危险。

传统的安全工作，往往把安全与危险看得绝对化、不相容，并且从主观的良好愿望出发追求绝对的安全，而一旦由某种潜在的危险导致了事故，就认为是绝对的不安全，这是不科学的，也是不现实的。因为事物（特别是危险因素相互作用）的复杂性和多变性以及人的认识的局限性、滞后性，不可能从全时空上消除一切危险、杜绝一切事故。当然在某段时间内、某个具体工作中，做到无事故，特别是无人身伤亡重大事故，则是可能的。

此外，安全与危险在一定范围内具有模糊性和限度。为了说明这一点，可以分析一下常见到的易燃气体（粉尘）和空气混合后的危险性。易燃气体（粉尘）和空气混合后具有燃烧、爆炸的危险性，但不是在任何浓度下遇到点火源都可以燃烧或爆炸，而是存在一个爆炸浓度极限。以甲烷为例，爆炸下限为5%，它表明甲烷浓度在小于5%时点火不会爆炸，即爆炸率为0，是"绝对"安全的；浓度一达到5%后点火必然爆炸，爆炸率为100%，是"绝对"危险的。可实际上并不是这么简单。如图2-2、图2-3所示，实验测得的爆炸率是浓度的函数，甲烷50%爆炸率时的下限浓度才是5%，浓度稍低于5%时不是不爆炸而是爆炸率进一步降低而已，可燃粉尘则更为明显。这就是说，在一定的范围内安全与危险的界限还存在着模糊性。

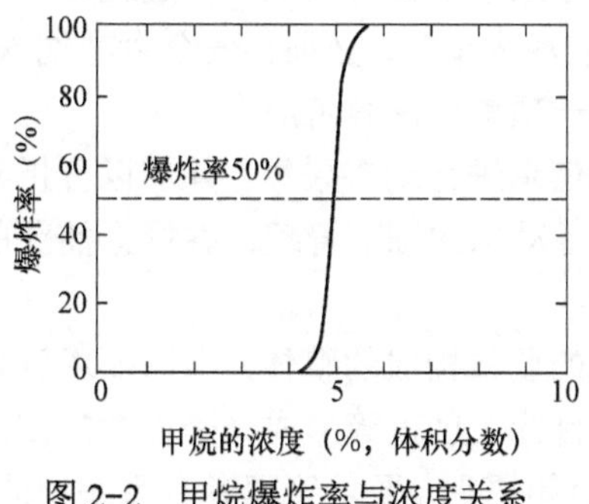

图2-2　甲烷爆炸率与浓度关系

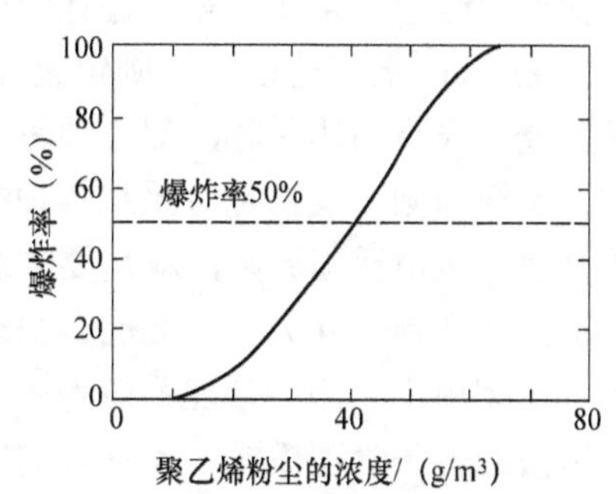

图2-3　聚乙烯粉尘爆炸率与浓度关系

认识安全与危险的这种矛盾共存与相互变迁的辨证统一性，模糊性与限度，以及由潜在危险变为事故的随机性，是现代安全科学理念与传统的安全观念的一个很大的不同和进步。在人们的生产、生活活动中，不存在绝对的安全或危险，当危险性的大小降至某种程度（如人们普遍可以接受的程度）时，就可以认为是安全的了。换言之，所谓安全，就是指判明的危险性不超过允许的限度；所谓危险，就是指判明的危险发生概率以及危害程度超过了允许的限度。也可以说，安全就是对危险的辨识、大小的估计与有效的对策，也只有建立在科学评价基础上的安全才是真正的安全，否则就是盲目的安全，靠不住的安全。

四、安全生产管理的原理与原则

安全生产管理是企业经营管理的重要组成部分。安全生产管理是指在一定条件下，为实现安全生产目的，安全管理人员所从事的计划、组织、指挥、协调和控制等行为活动的总称。

现代管理学揭示，安全生产管理因为管理目的和内容很特殊，所以管理过程中表现出自身明显的特点，因此，客观上要求一切安全管理活动，只有遵循其内在的基本规律，并坚持原则来管理，才能实现安全管理的最终目标。

（一）系统原理

1．系统原理的含义

系统是指管理对象中由相互作用和相互依赖的若干要素组成的集合。任何管理对象都可以作为一个系统。按管理层次来分，大系统可以分为若干个子系统，子系统又可以分为若干个要素。例如，安全管理系统通常由人、机、物、环境、制度等要素组成。按照系统的观点，管理系统具有 6 个特征，即集合性、相关性、目的性、整体性、层次性和适应性。

2．运用系统原理的原则

（1）动态相关性原则　普遍联系性和发展性是事物存在的基本属性。由于构成管理系统的要素具有动态相关性，所以管理系统随时随地都处在运动和发展变化之中，这就是系统的动态相关性原则。显然，正是由于管理系统中的各要素处于相关运动状态，也才会产生各类事故的诱因，从而引起事故发生。

（2）整分合原则　计划、组织、指挥、协调和控制是管理职能最基本的特征。在实际安全生产管理中必须在整体规划下进行明确的分工，在分工基础上有效综合，这就是整分合原则。运用该原则，要求管理者在制定整体目标和进行宏观决策时，必须将安全生产纳入其中，在考虑资金、人员和体系时，都必须将安全生产作为一项重要内容考虑。

（3）反馈原则　反馈是对系统管理控制过程中的信息进行动态采集，并加以分析判断与运用的过程。运用反馈原则，就是要求对管理系统进行动态的细节管理，并根据捕获的信息进行及时分析评判，并灵活、准确、快速地采取行动。

（4）封闭原则　因为管理系统是由多个相互关联的要素构成的整体，所以要求管理者运用环环相扣的链条管理模式，使管理的内容、手段、目标、过程等形成一个连续封闭的管理回路，达到高效管理的目的，这就是封闭原则。运用封闭原则，要求管理者对系统中的体制、机构、制度和方法等方面进行综合考虑，使之紧密地联系，形成相互制约的回路，以实现一致性的管理目标。

（二）人本原理

1．人本原理的含义

在一切管理活动中，人既是管理活动的操控者，同时人也是管理的受益者。从此意义来讲，人既是管理的主体，也是管理的客体。为此，在管理中必须以人的需要为根本出发点和归宿点，始终把人的因素放在首位，体现以人为本的“人性管理”理念，这就是人本原理。

2．运用人本原理的原则

（1）动力原则　推动管理活动的基本力量是人，管理体制必须有能够激发人的工作能力的动力，这就是动力原则。对于管理系统，有 3 种动力，即物质动力、精神动力和信息动力。

（2）能级原则　现代管理认为，单位和个人都具有一定的能量，并且可按照能量的大小顺序排列，形成管理的能级，这就是能级原则。稳定的管理能级结构一般分为 4 个层次，即经营决策层、管理层、执行层、操作层。管理过程中 4 个能级层的职责、使命不同，其作用也不一样。

在运用能级原则时应做到 3 点：一是能级顺序排列要科学合理，以保证管理系统结构的稳定性；二是管理制度和机制要科学合理，以保证人尽其才，各尽所能；三是责、权、利分配要科学合理，以使能级作用得到高效发挥。

（3）激励原则　管理中的激励就是利用某种外部诱因的刺激，调动人的积极性和创造性。以科学的手段，激发人的内在潜力，使其充分发挥积极性、主动性和创造性，这就是激励原则。人的工作动力来源于内在的动力、外部的压力和工作的吸引力。

（三）预防原理

1．预防原理的含义

现代安全管理理论认为，事故是由于系统中存在人、机、物或环境等方面的危险有害因素造成的。但是，通过有效的管理和技术手段，可以减少和防止人的不安全行为和物的不安全状态，达到预防事故的目的，这就是预防原理。预防原理说明事故是可知、可防和可控的，它体现了人类认识自然和改造自然的重要方面。

2．运用预防原理的原则

（1）偶然损失原则　事故的风险度是由事故概率和事故后果的严重程度两个因素共同决定的。其中，对于事故发生频次来讲具有一定的统计规律可循，但是，对于事故后果的严重程度而言，却是随机的、难以预测的。实验证明，反复发生的同类事故，并不一定产生完全相同的后果，这就是事故损失的偶然性。偶然损失原则揭示，即使大事故的发生概率很低，但是它存在着随时发生的可能性，因此，任何时候都必须进行细节管理，把安全工作做好。

（2）因果关系原则　事故的发生是许多因素偶合促成的最终结果，只要诱发事故的因素存在，发生事故是必然的，只是时间或迟或早而已，这就是因果关系原则。

（3）3E 原则　造成人的不安全行为和物的不安全状态的原因可归结为 4 个方面：技术原因、教育原因、身体和态度原因以及管理原因。针对这 4 个方面的原因，可以采取 3 种防止对策，即工程技术（Engineering）对策、教育（Education）对策和法制（Enforcement）对策，即所谓 3E 原则。

（4）本质安全化原则　本质安全化原则是指从源头和本质上消除事故发生的可能性，从而达到预防事故发生的目的。本质安全化原则不仅可以应用于设备、设施方面，还可以应用于建设项目方面。

（四）强制原理

1．强制原理的含义

按照有效安全管理要求，通过采取强制管理手段，提高人的安全意识和技术水平，以控制和约束人的不安全行为，从而减少事故发生，这就是强制原理。所谓强制就是绝对服从，不必经被管理者同意便可采取控制行动。

2．运用强制原理的原则

（1）安全第一原则　安全第一就是要求在进行生产和其他工作时把安全工作放在一切工作的首要位置。坚持安全第一的原则，要求管理者必须具有安全的首位意识，当生产和其他工作与安全发生矛盾时，要以安全为主，生产和其他工作要服从于安全。

（2）监督原则　监督原则是指在安全工作中，为了使安全生产法律法规得到落实，必须明确安全生产监督的职责，对企业生产中的守法和执法情况进行经常性和强制性监督。

五、危险性分析

（一）人身安全的危险性分析

为了评价和比较一项活动的危险性，可以从多个角度，用多种指标进行评价。这里着重从对人的安全后果最严重的伤亡指标角度进行分析讨论，如式 2-3 所述

$$f(x)=C \cdot D \tag{2-3}$$

式中 $f(x)$ —— 系统的危险度；

C—— 危险可能性；

D—— 危险严重度。

定义：危险可能性=事故次数/（工作时间×参与人数）；

危险严重度=事故伤亡人数/事故次数。

所以，危险度=事故伤亡人数/（工作时间×参与人数）。

若在考察系统中，事故伤亡人数用 N_D 表示，工作时间用 H_Y 表示，参与人数用 N_W 表示，则

$$f(x)=\frac{N_D}{H_Y \cdot N_W} \tag{2-4}$$

类似地，也可以用生产某种产品的单位数量会出现多少伤亡人数来表示危险度，常用的有千人负伤率、万人死亡率、万车死亡率、百万吨煤死亡率等指标，见表 2-3～表 2-5。

表 2-3　2008～2012 年全国安全形势

年　度	全国亿元 GDP 生产安全事故死亡率	工矿商贸就业人员十万人事故死亡率	道路交通万车死亡率	煤矿百万吨死亡率
2008	0.298	2.82	4.30	1.181
2009	0.248	2.40	3.63	0.892
2010	0.201	2.13	3.20	0.749
2011	0.173	1.88	2.80	0.564
2012	0.142	1.64	2.49	0.372

表 2-4　不同交通方式单位里程的死亡率

交 通 方 式	单位里程的死亡率（数据来源：联合国 1998）
摩托车	96.9×10^{-9}
步行	36.2×10^{-9}
自行车	33.6×10^{-9}
小轿车	2.6×10^{-9}
卡车	0.6×10^{-9}
轮船	0.3×10^{-9}
长途客车	0.2×10^{-9}
火车	0.1×10^{-9}
飞机	$<0.1\times10^{-9}$

表 2-5 1979～1998 年中国企业职工伤亡事故统计

年 度	平均职工人数/万人	事故伤亡人数/人	千人死亡率	事故重伤人数/人	千人重伤率
1979	6992.7	13054	0.187	29618	0.423
1980	7349.7	11582	0.157	27472	0.374
1981	7506.5	10393	0.138	24315	0.324
1982	7769.7	9867	0.117	23264	0.299
1983	7934.4	8994	0.113	19778	0.249
1984	8034.7	9088	0.113	18650	0.232
1985	8379.5	9847	0.118	18216	0.217
1986	8656.2	8982	0.104	16484	0.190
1987	8964	8658	0.097	14954	0.167
1988	8964	8908	0.099	12404	0.138
1989	9167.1	8657	0.094	10788	0.118
1990	9321.2	7759	0.083	10105	0.108
1991	9516.3	7855	0.083	9117	0.096
1992	9251.2	7994	0.086	8327	0.090
1993	9000	19820	0.220	9901	0.110
1994	8692	20315	0.234	9103	0.150
1995	8537.9	20005	0.234	8197	0.096
1996	8273.1	19457	0.235	7274	0.088
1997	7879	17558	0.223	6197	0.079
1998	5597.1	14660	0.262	5623	0.101

从表 2-5 可以看出，1979～1992 年的 14 年间，我国企业事故的平均千人死亡率为 0.114 人/千人；1993～1998 年的 6 年间，死亡率上升了一倍，平均为 0.235 人/千人。

从事消防工作的危险度，也可以根据全国消防救援队伍接警出动情况及伤亡情况，用每十万起出动或百万人次出动的死亡率及受伤率表示，见表 2-6。

表 2-6 1997～2016 年全国消防救援队伍接警出动及伤亡情况

年 度	接警出动情况			接警出动伤亡情况					
	起数/万	人次/万	车次/万	死亡人数	死亡率		受伤人数	受伤率	
					/十万起	/百万人次		/十万起	/百万人次
1997	14.2	317.0	31.2	16	11.3	5.0	523	368.3	165.0
1998	14.8	225.1	33.2	18	12.2	8.0	576	389.2	255.9
1999	19.1	283.4	41.6	14	7.3	4.9	408	213.6	144.0
2000	20.9	488.4	73.8	11	5.3	2.3	483	231.1	98.9
2001	24.5	293.6	44.8	6	2.4	2.0	183	74.7	62.3
2002	37.7	407.9	64.1	7	1.9	1.7	746	197.9	182.9
2003	40.2	412.3	68.7	28	7.0	6.8	226	56.2	54.8
2004	42.5	397.9	65.5	16	3.8	4.0	89	20.9	22.4
2005	44.5	424.8	72.6	6	1.3	1.4	47	10.6	11.1
2006	49.8	435.9	72.0	14	2.8	3.2	105	21.1	24.1
2007	50.4	522.7	83.8	11	2.2	2.1	93	18.5	17.8
2008	51.4	542.4	86.4	14	2.7	2.6	108	21.0	19.9
2009	53.6	566.8	89.6	8	1.5	1.4	56	10.4	9.9
2010	58.9	615.9	96.7	7	1.2	1.1	21	3.6	3.4
2011	65.6	733.4	117.1	6	0.9	0.8	49	7.5	6.7
2012	75.5	811.0	131.6	8	1.1	1.0	22	2.9	2.7
2013	103.3	1102.6	183.2	15	1.5	1.4	37	3.6	3.4
2014	114	1224.9	205.6	13	1.1	1.1	16	1.4	1.3
2015	113.2	1210.2	206.2	31	2.7	2.6	92	8.1	7.6
2016	114.4	1239.9	210.2	12	1.0	1.0	33	2.9	2.7
平均	55.4	612.8	98.9	13.1	3.6	2.7	195.7	83.2	54.8

在英国及一些欧美国家常用英国帝国化学公司克莱茨（T.A.Kletz）在 1971 年建议的死亡事故概率值 FAFR（Fatal Accident Frequency Rate）来表示。此值由 1000 人工作 40 年，并按每人每年工作 2500h 计算，共工作 10^8h 的死亡人数而得。如死亡 3 人，即 FAFR 值=3。因此，若设某行业拥有工人数为 N_W，每人每年工作 H_Y 小时，且平均每年的工伤死亡人数为 N_D，则该行业 FAFR 由下列公式计算

$$\mathrm{FAFR}=\frac{N_D}{N_W \cdot H_Y}\times 10^8 \tag{2-5}$$

英国某些行业的 FAFR 值见表 2-7。

表 2-7　英国某些行业的死亡事故概率（FAFR）值

行　业	FAFR 值	每人每年的事故致死概率（以每人每天工作 8h，每月 20d，每年 1920h 计）
化工	3.5	6.72×10^{-5}
钢铁	8	1.54×10^{-4}
煤矿	40	7.68×10^{-4}
建筑	67	1.28×10^{-3}
全工业	4	7.68×10^{-5}

以此公式计算，如果按每人每年工作 H_Y=2000h 计，那么 1979～1992 年的 14 年间和 1993～1998 年的 6 年间，我国企业的平均 FAFR 值分别为 5.7 和 11.7。由此可见，与发达国家相比，我国的安全生产形势还是相当严峻的。

人们为了取得某种效益而从事一项活动时总要承担一定的风险或危险，由此所造成的死亡率一般也是随着所追求的效益增大而增加。一项活动对人身安全的危险程度到底如何，可以用每年死亡概率来评价。美国原子能委员会给出了一般意义的统计规律，如图 2-4 所示。

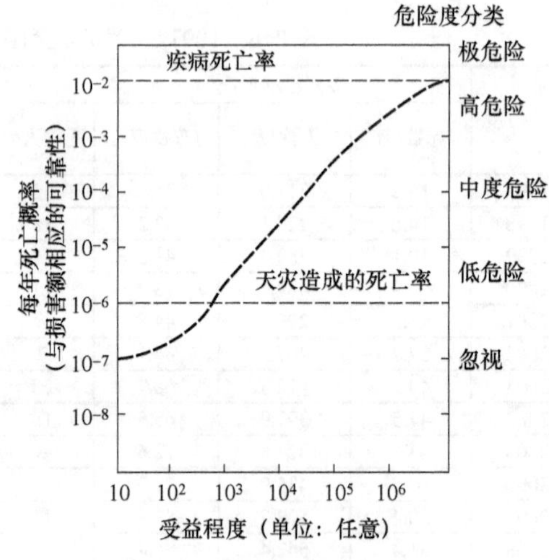

图 2-4　危险度与效益的关系

从图 2-4 可以看出，疾病是人类的头号杀手，每年死亡概率达百分之一。当一项活动的每年死亡概率达千分之一时，属高度危险，必须立即采取措施；为万分之一时属中度危险，与汽车交通事故危险率相当，应采取措施改善；为十万分之一时属低度危险，与游泳溺水事故的危险率相当，需要加以注意；为百万分之一时，与天灾致死危险率相当，一般会存侥幸心理；降至千万分之一时就是可以忽略的了。

（二）系统的危险性分析

一个系统的危险性与危险概率和危险严重度有关，可以用危险度矩阵来分析评价，见表 2-8。

表 2-8 危险度矩阵

概率种类	基准概率值（年间）	危险严重度			
		毁灭性的	极大的	严重的	轻度的
频繁	>1	高	高	高	中
有可能性	$1\sim10^{-1}$	高	高	中	低
偶尔	$10^{-1}\sim10^{-2}$	高	高	低	低
很少发生	$10^{-2}\sim10^{-4}$	高	高	低	低
没什么可能	$10^{-4}\sim10^{-6}$	高	中	低	忽略
不予考虑	$<10^{-6}$	中	中	忽略	忽略

注：表中高、中、低分别指危险度。
毁灭性的，指死伤多人，工厂或系统实质上完全毁坏；
极大的，指少数人死伤，工厂或系统大部分损坏；
严重的，指出现重伤或严重职业病，工厂或系统受到较大损坏；
轻度的，指出现轻伤或轻度职业病，工厂或系统受到轻度损坏。

由表 2-8 可以看出，严重度大的事故即使发生概率不大，其危险度也高（如核电站）；严重度小的事故即使发生概率较大，其危险度也未必高（如车辆的擦碰事故等）。

当一个系统的危险性处于人们可接受的某个程度时，则危险概率与危险严重度呈反比关系。例如，澳大利亚给出了一个对武器系统或爆炸军械各种类型的事故及其可接受概率的关系，见表 2-9。

表 2-9 危险严重度与可接受危险概率

事故类型（严重度）	后果	可接受概率
Ⅰ 灾难性的	人员死亡或主设备全毁	10^{-6}
Ⅱ 严重的	人员重伤或设备严重损坏	10^{-5}
Ⅲ 轻微的	人员轻伤或设备损坏，但可以修复	10^{-4}
Ⅳ 可忽略的	暂时影响操作或设备性能轻度下降	10^{-3}

还应当指出，安全目标值（或可接受危险度）是由一个国家的政治、经济、科技发展水平和人们可接受程度以及可能获得的效益等多种因素决定的，而不是定得越高越好。

【思考与练习】

1．写一篇以论述安全与危险的辩证关系，树立正确安全观为主题的小论文（字数为 2000 字左右）。

2．安全生产管理的原理和原则有哪些？

3．某消防总队，共 4000 人，一年内在火灾扑救和应急救援中死亡官兵 4 人，试计算其 FAFR 值（以每人每日工作 12.5h，每月 20d，每年 3000h 计），并用每人每年死亡概率评价消防行业的危险程度。

第二节　危险化学品重大危险源辨识与管理

【学习目标】

1．了解危险有害因素及与灾害事故的关系，了解控制危险有害因素的原理和措施。
2．熟悉危险有害因素的产生和类型，熟悉重大危险源控制系统的组成。
3．掌握危险化学品重大危险源的辨识标准。
4．熟悉安全检查表及事故树分析两种安全评价方法。

一、危险有害因素辨识

（一）危险有害因素

通常情况下，人们把能导致灾害事故发生，对人、财产、环境造成伤害、损失、破坏的各种有关背景因素称为危险有害因素，又把系统中危险有害因素存在的根源或状态称为事故隐患。其中，危险因素强调突发性和瞬间作用，如系统中能量的控制能力、有毒有害物质的储存安全性等；有害因素则强调在一定时间范围内的累积作用，如能量的意外释放量、有毒有害物质的泄漏量及危害面积等。一般情况下，因为危险因素与有害因素对事故的作用有着密切的联系，所以，二者常被合称为危险有害因素。

（二）危险有害因素与灾害事故的关系

万事皆有因，对此，系统安全理论阐明，任何灾害事故的发生都不会是凭空的，而是有它特定的背景因素（即危险有害因素）。更深入的研究还表明，灾害事故的形成是由于危险有害因素，即事故隐患失控引发的，而“事故隐患”多由物的不安全状态和管理上的缺陷共同形成。客观上一经出现事故隐患，加上人主观上表现出不安全行为（如操作失误、违章操作或违章指挥等），就会立即导致灾害事故的发生。所以说，事故的直接原因来自于人的不安全行为和物的不安全状态，但是造成“人失误”和“物故障”的原因常常是因为管理上的缺陷。显然，后者虽然是间接原因，但它却是背景因素，而且多数情况下是事故发生的主要原因。

由此可见，危险有害因素是导致事故发生的根本原因。所以，辨识系统中的危险有害因素，并对它们之间的相互关系进行研究分析是做好安全工作最重要的基础。

（三）危险有害因素的产生及类别

1．危险有害因素的产生

危险有害因素尽管表现形式不同，但从本质上讲，危险有害因素的产生是由于系统中存在能量和危险物质，以及使能量和危险物质失控的因素条件。因此，危险有害因素产生的基本原因主要有两个方面：一是（具）有能量和危险物质，二是状态失控。

（1）能量、危险物质　能量、危险物质是危险有害因素产生的根源，是事故发生的物质条件，所以它们是事故的内因。与此同时，事故的严重度也主要取决于系统中能量的大小以及危险物质的数量和特性。显然，系统中的能量越大，危险物质越多，危险性（燃爆性或化学反应活性如氧化性、分解性、毒性等）越大，则系统的危险度越大。例如，高速运动的汽车比低速运动的汽车能量要大，所以前者的事故概率比后者要大。同样的道理，确定为重大危险源的系统单元，因单元中的危险物较多，所以它与非重大危险源相比就具有较大的危险度。

在化工生产系统中，存在着多种能量形式，如热能、电能、机械能、化学能等，也有许多危险有害物质，如油类、煤炭、酸、碱、盐、烃类、醇类、酚类等原材料及“三废”物质等，它们一旦失控后都会发生灾害事故。

（2）状态失控　状态失控是指系统中的能量和危险物质，在时间或空间上的控制状态失控（如能量突然释放、危险物泄漏等）。状态失控就会导致事故，因此，它是事故引发的促成条件，是事故的外因。研究表明，工艺设备设施有故障、人员误操作、管理有缺陷或恶劣环境等情形是造成能量和危险物质失控的主要因素。

值得注意的是，客观上只要进行生产活动，就存在能量和物质，也需要对能量和物质进行控制，所以两类危险有害因素都是客观存在的，任何时候，无论做多大努力，人们都不可能把两类危险有害因素完全消除。但是，通过采取技术和管理措施对两类危险有害因素进行控制，包括减弱系统能量，减少危险物质的种类和数量，加强设备的检测维护保养，规范操作规程，加强劳动者培训，严格加强劳动纪律，完善管理制度，改善工作环境等，都可以提高系统的安全度。

2．危险有害因素的类别

（1）按导致事故的原因分类　根据《生产过程危险和有害因素分类与代码》（GB/T 13861—2009）的规定，生产过程中的危险和有害因素分为4大类，见表2-10。

表2-10　危险有害因素类别（按事故原因分类）

类　别	内　容
人的因素	心理生理性危险有害因素 行为性危险有害因素
物的因素	物理性危险和有害因素 化学性危险和有害因素 生物性危险和有害因素
环境因素	室内作业环境不良 室外作业场地环境不良 地下（含水下）作业环境不良 其他作业环境不良
管理因素	职业安全卫生组织机构不健全 职业安全卫生责任制未落实 职业安全卫生管理规章制度不完善 职业安全卫生投入不足 职业健康管理不完善 其他管理因素缺陷

（2）参照事故类别分类　参照《企业职工伤亡事故分类》（GB 6441—1986），综合考虑起因物、引起事故的诱导性原因、致害物、伤害方式等，将危险有害因素分为20类，见表2-11。

表 2-11 危险有害因素类别（按事故类别分类）

类 别	内 容
物体打击	机械设备、车辆、起重机械、坍塌等运动物体打击
车辆伤害	运动车辆上的人体坠落、物体倒塌、下落、挤压伤亡。不包括起重牵引车辆引发的伤亡
机械伤害	机械设备、部件运动引起的碰撞、剪切、卷入、绞、碾、割、刺等伤害。不包括车辆、起重机械引起的机械伤害
起重伤害	从事起重作业时引起的机械伤害，如脱钩砸人、钢丝绳断裂抽人、移动吊物撞人、钢丝绳刮人、滑车碰人等伤害
触电	各类生活用电、工业用电引起的触电伤害，不包括雷电伤害
淹溺	包括高处坠落淹溺，不包括矿山、井下透水淹溺
灼烫	火焰、炽热体灼伤，化学物质如酸、碱、盐、有机物引起的灼伤，光、放射性物质等引起的物理性灼伤。不包括电灼伤、火灾中的烧伤
火灾	各类火灾事故
高处坠落	高处作业发生的坠落伤亡事故，不包括触电坠落事故
坍塌	土石方塌方、脚手架坍塌、堆置物倒塌等。不包括矿山冒顶片帮、爆破、车辆、起重机械引起的坍塌
冒顶片帮	各类冒顶片帮事故
透水	各类透水事故
放炮	爆破作业中的伤亡事故
火药爆炸	火药、炸药及其制品引发的爆炸事故
瓦斯爆炸	瓦斯爆炸事故
锅炉爆炸	锅炉爆炸事故
容器爆炸	容器爆炸事故
其他爆炸	其他爆炸事故
中毒和窒息	中毒和窒息事故
其他伤害	其他伤害事故

（四）控制危险有害因素的对策措施

1. 基本原理

（1）消除　通过合理设计和科学管理，从根本上消除危险有害因素，如自动化、无害化生产。

（2）预防　采取预防性技术措施，预防危险有害因素，如设置安全防护装置、保险装置等。

（3）减弱　通过采取减轻削弱危险有害因素的办法来预防降低事故的危险度，如安装消声、减振、消除静电装置等。

（4）隔离　将人员与危险有害因素隔离开，如设置遥控、安全罩、隔离服、防护屏障等。

（5）连锁　应用连锁装置终止危险有害因素产生，如安装自动电气开关、自动报警喷淋灭火系统等。

（6）警告　在危险源的地方设置安全警告标志等。

2. 预防对策优先顺序

① 预防对策优先于经济效益，即安全第一，预防为主。

② 采用直接安全技术措施，使生产设备具有本质安全功能。

③ 采用间接安全技术措施，安装安全装置，减少、减弱危险有害因素的产生。

④ 采用指示性安全技术措施，如报警器、指示牌等。

⑤ 通过采用安全操作规程，安全教育培训，佩戴劳动防护用品预防、减弱系统的危险有害因素。

以上预防对策的优先顺序为①→②→③→④→⑤。

3．对策措施

（1）安全管理方面

① 加强劳动者安全教育和技能培训，提高劳动者的安全素质。

② 加强安全科学管理，提高安全管理水平。

（2）技术保障方面

① 实行机械化、自动化。机械化能减轻劳动强度，自动化能减少人身伤害。

② 设置安全装置、防护装置、保险装置、信号装置、安全标识等。

③ 增强机械强度。主要生产设备设施的机械强度、安全系数要符合要求，包括冗余设计、零件可靠性设计等。

④ 保证电气设备安全可靠。包括安全认证、备用电源、防触电、防电气爆炸、防静电等。

⑤ 按规定维护保养和检修设施设备。制定机器设备的维护检修计划，做好档案记录等。

⑥ 保持工作场所合理布局。人机界面人性化设计，作业场所物品、机器、工具摆放符合人机工作原理，方便使用。

⑦ 配备个人劳动防护用品。为劳动者配发符合国家质量标准的安全防护用品。

二、危险化学品重大危险源的辨识与分级管理

事实表明，危险源的危害程度有大有小，而造成危险化学品事故的可能性和严重程度既与危险化学品的固有危险性质有关，又与设施中存在的危险化学品数量有关。为了防止重大事故的发生，人们采取重点监控的办法对危险源进行分级管理。为提高危险源分级管理的有效性，20 世纪 70 年代，英国首先提出了重大危险源或重大危险设施（Major Hazard Installations）的概念，并制定了其相应的辨别评价标准。随后，世界各国也先后积极地开展此项工作，并在 1993 年 6 月召开的第 80 届国际劳工大会上通过了《预防重大工业事故公约》，此公约规定了“重大事故”“重大危害设施”的国际标准。

我国对重大危险源研究的相关工作始于 1997 年。借鉴国际经验，在 2000 年，我国颁布实施了《重大危险源辨识》（GB 18218—2000）标准。在该标准中，重大危险源的范围被界定在危险性物质的生产、使用、贮存和经营方面，并划分为生产场所和贮存区两类重大危险源，作为举例该标准中给出了爆炸性物质、易燃物质、活性化学物质和有毒物质共 4 类 142 种化学物质生产和贮存区的临界量。经过 9 年的实践，国家对 2000 版标准的名称、部分术语和定义，以及危险化学品的范围和临界量等相关内容进行了修订，修订为《危险化学品重大危险源辨识》（GB 18218—2009）标准，于 2009 年 12 月 1 日实施。

（一）危险化学品重大危险源的辨识

《危险化学品重大危险源辨识》（GB 18218—2009）规定，危险化学品重大危险源是指长期地或临时地生产、加工、使用或储存危险化学品，且危险化学品的数量等于或超过临界量的单元。当单元内存在的危险化学品为多品种时，如果满足式 2-6，则定为危险化学品重大危险源。

$$\frac{q_1}{Q_1}+\frac{q_2}{Q_2}+\cdots+\frac{q_n}{Q_n}\geqslant 1 \tag{2-6}$$

式中　q_1、q_2、q_n ——每种危险化学品实际存在量，单位为t；

Q_1、Q_2、Q_n——各种危险化学品相对应的临界量，单位为t。

危险化学品是指具有易燃、易爆、有毒、有害等特性，会对人员、设施、环境造成伤害或损害的化学品；而单元是指一个（套）生产装置、设施或场所，或同属一个生产经营单位的且边缘距离小于500m的几个（套）生产装置、设施或场所。

在《危险化学品重大危险源辨识》（GB 18218—2009）标准中，列举了包括爆炸品、易燃气体、毒性气体、易燃液体、易于自燃的物质、遇水放出易燃气体的物质、氧化性物质、有机过氧化物、毒性物质共9类78种化学物质的临界量，见表2-12；而对于没有被具体列举的其他化学品的临界量，在此标准中也作了相应的规定，见表2-13。

表2-12　危险化学品名称及其临界量

序　号	类　别	危险化学品名称和说明	临界量/t
1	爆炸品	叠氮化钡	0.5
2		叠氮化铅	0.5
3		雷酸汞	0.5
4		三硝基苯甲醚	5
5		三硝基甲苯	5
6		硝化甘油	1
7		硝化纤维素	10
8		硝酸铵（含可燃物＞0.2%）	5
9	易燃气体	丁二烯	5
10		二甲醚	50
11		甲烷、天然气	50
12		氯乙烯	50
13		氢	5
14		液化石油气（含丙烷、丁烷及其混合物）	50
15		一甲胺	5
16		乙炔	1
17		乙烯	50
18	毒性气体	氨	10
19		二氟化氧	1
20		二氧化氮	1
21		二氧化硫	20
22		氟	1
23		光气	0.3
24		环氧乙烷	10
25		甲醛（含量＞90%）	5
26		磷化氢	1
27		硫化氢	5

（续）

序　号	类　别	危险化学品名称和说明	临界量/t
28		氯化氢	20
29		氯	5
30		煤气（CO，CO和H_2、CH_4的混合物等）	20
31		砷化三氢（胂）	12
32		锑化氢	1
33		硒化氢	1
34		溴甲烷	10
35	易燃液体	苯	50
36		苯乙烯	500
37		丙酮	500
38		丙烯腈	50
39		二硫化碳	50
40		环己烷	500
41		环氧丙烷	10
42		甲苯	500
43		甲醇	500
44		汽油	200
45		乙醇	500
46		乙醚	10
47		乙酸乙酯	500
48		正己烷	500
49	易于自燃的物质	黄磷	50
50		烷基铝	1
51		戊硼烷	1
52	遇水放出易燃气体的物质	电石	100
53		钾	1
54		钠	10
55	氧化性物质	发烟硫酸	100
56		过氧化钾	20
57		过氧化钠	20
58		氯酸钾	100
59		氯酸钠	100
60		硝酸（发红烟的）	20
61		硝酸（发红烟的除外，含硝酸＞70%）	100
62		硝酸铵（含可燃物≤0.2%）	300
63		硝酸铵基化肥	1000
64	有机过氧化物	过氧乙酸（含量≥60%）	10
65		过氧化甲乙酮（含量≥60%）	10

（续）

序　号	类　别	危险化学品名称和说明	临界量/t
66	毒性物质	丙酮合氰化氢	20
67		丙烯醛	20
68		氟化氢	1
69		环氧氯丙烷（3-氯-1，2-环氧丙烷）	20
70		环氧溴丙烷（表溴醇）	20
71		甲苯二异氰酸酯	100
72		氯化硫	1
73		氰化氢	1
74		三氧化硫	75
75		烯丙胺	20
76		溴	20
77		乙撑亚胺	20
78		异氰酸甲酯	0.75

表 2-13　未具体列举的危险化学品类别及其临界量

类　别	危险性分类及说明	临界量/t
爆炸品	1.1 A 项爆炸品	1
	除 1.1 A 项外的其他 1.1 项爆炸品	10
	除 1.1 项外的其他爆炸品	50
气体	易燃气体：危险性属于 2.1 项的气体	10
	氧化性气体：危险性属于 2.2 项非易燃无毒气体且次要危险性为 5 类的气体	200
	剧毒气体：危险性属于 2.3 项且急性毒性为类别 1 的毒性气体	5
	有毒气体：危险性属于 2.3 项的其他毒性气体	50
易燃液体	极易燃液体：沸点≤35℃且闪点＜0℃的液体或保存温度一直在其沸点以上的易燃液体	10
	高度易燃液体：闪点＜23℃的液体（不包括极易燃液体）；液态退敏爆炸品	1000
	易燃液体：23℃≤闪点＜61℃的液体	5000
易燃固体	危险性属于 4.1 项且包装为Ⅰ类的物质	200
易于自燃的物质	危险性属于 4.2 项且包装为Ⅰ或Ⅱ类的物质	200
遇水放出易燃气体的物质	危险性属于 4.3 项且包装为Ⅰ或Ⅱ类的物质	200
氧化性物质	危险性属于 5.1 项且包装为Ⅰ类的物质	50
	危险性属于 5.1 项且包装为Ⅱ或Ⅲ类的物质	200
有机过氧化物	危险性属于 5.2 项的物质	50
毒性物质	危险性属于 6.1 项且急性毒性为类别 1 的物质	50
	危险性属于 6.1 项且急性毒性为类别 2 的物质	500

注：以上危险化学品危险性类别及包装类别依据 GB 12268—2012 确定，急性毒性类别依据 GB 30000.18—2013 确定。

【例题 1】某化学品仓库占地面积 60000m²，库房最远边缘距离为 450m，储存乙醇 30t，苯 10t，氯气 2t，氨气 2t，发烟硫酸 10t，发烟硝酸 5t，试判断此仓库是否属于危险化学品重大危险源。

解：查《危险化学品重大危险源辨识》（GB 18218—2009）标准可知，各种化学品实际存量与临界量比值之和为

$$\frac{q_{乙醇}}{Q_{乙醇}}+\frac{q_{苯}}{Q_{苯}}+\frac{q_{氯气}}{Q_{氯气}}+\frac{q_{氨气}}{Q_{氨气}}+\frac{q_{发烟硫酸}}{Q_{发烟硫酸}}+\frac{q_{发烟硝酸}}{Q_{发烟硝酸}}$$

$$=\frac{30}{500}+\frac{10}{50}+\frac{2}{5}+\frac{2}{10}+\frac{10}{100}+\frac{5}{20}$$

$$=0.06+0.2+0.4+0.2+0.1+0.25$$

$$=1.21$$

因 1.21>1，且库房边缘距离小于 500m，属于一个单元，故该仓库属于危险化学品重大危险源。

（二）危险化学品重大危险源的分级管理

2011 年 7 月 22 日，国家安全生产监督管理总局发布第 40 号令《危险化学品重大危险源监督管理暂行规定》，并自 2011 年 12 月 1 日起施行。第 40 号令规定对危险化学品重大危险源实行属地监管与分级管理相结合的安全监督管理模式。

1．分级指标

危险化学品重大危险源的分级采用单元内各种危险化学品实际存在（在线）量与其在《危险化学品重大危险源辨识》（GB 18218—2009）中规定的临界量的比值，经校正系数校正后的比值之和 R 作为分级指标。

$$R=\alpha\left(\beta_1\frac{q_1}{Q_1}+\beta_2\frac{q_2}{Q_2}+\cdots+\beta_n\frac{q_n}{Q_n}\right) \tag{2-7}$$

式中 q_1、q_2、q_n——每种危险化学品实际存在（在线）量，单位为 t；

Q_1、Q_2、Q_n——与各危险化学品相对应的临界量，单位为 t；

β_1、β_2、β_n——与各危险化学品相对应的校正系数；

α——该危险化学品重大危险源厂区外暴露人员的校正系数。

2．校正系数 β 的取值

根据单元内危险化学品的类别不同，设定校正系数 β 值，见表 2-14 和表 2-15。

表 2-14 校正系数 β 取值表

危险化学品类别	毒性气体	爆炸品	易燃气体	其他类危险化学品
β 值	见表 2-15	2	1.5	1

注：危险化学品类别依据《危险货物品名表》中分类标准确定。

表 2-15　常见毒性气体校正系数 β 值取值表

毒性气体名称	β 值	毒性气体名称	β 值
一氧化碳	2	硫化氢	5
二氧化硫	2	氟化氢	5
氨	2	二氧化氮	10
环氧乙烷	2	氰化氢	10
氯化氢	3	碳酰氯	20
溴甲烷	3	磷化氢	20
氯	4	异氰酸甲酯	20

注：未在表中列出的有毒气体可按 β=2 取值，剧毒气体可按 β=4 取值。

3．校正系数 α 的取值

根据危险化学品重大危险源的厂区边界向外扩展 500m 范围内常住人口数量，设定厂外暴露人员校正系数 α 值，见表 2-16。

表 2-16　校正系数 α 取值表

厂外可能暴露人员数量	α
100 人以上	2.0
50～99 人	1.5
30～49 人	1.2
1～29 人	1.0
0 人	0.5

4．分级标准

根据计算出来的 R 值，按表 2-17 确定危险化学品重大危险源的级别。

表 2-17　危险化学品重大危险源级别和 R 值的对应关系

危险化学品重大危险源级别	R 值
一级	$R \geqslant 100$
二级	$100 > R \geqslant 50$
三级	$50 > R \geqslant 10$
四级	$R < 10$

5．不同级别的管理要求

第 40 号令对不同级别的危险化学品重大危险源规定了不同的管理要求，见表 2-18。

表 2-18 不同级别的危险化学品重大危险源的管理要求

管理要求		一级	二级	三、四级
单位组织或委托安全评价机构进行安全评估		—	—	√
委托安全评价机构，采用定量风险评价方法进行安全评估，确定个人和社会风险值（毒性气体、爆炸品或液化易燃气体超过临界量）		√	√	—
具备紧急停车功能		√	√	—
装备紧急停车系统（化工生产装置）		√	√	—
配备独立的安全仪表系统（SIS）（毒性气体、液化气体或剧毒液体）		√	√	—
重大危险源备案	省级安监部门	√	—	—
	市级安监部门	√	—	—
	县级安监部门	√	√	√
重大危险源核销	省级安监部门	√	—	—
	市级安监部门	√	√	—
	县级安监部门	√	√	√

注：“√”表示此等级的危险化学品重大危险源管理必须符合该项要求；“—”表示管理不作该项要求。

三、危险化学品重大危险源控制系统的组成

国内外重大事故预防的经验证明，为了预防重大工业事故的发生，降低事故造成的损失，必须建立一套行之有效的重大危险源控制系统。

一般来说，重大危险源控制系统主要由以下几个部分组成。

（一）重大危险源的辨识

防止重大工业事故发生的第一步，是辨识或确认高危险性的工业设施（危险源）。由政府主管部门和权威机构在物质毒性或燃烧、爆炸特性基础上，制定出危险物质及其临界量标准。通过危险物质及其临界量标准，可以确定哪些是可能发生事故的潜在危险源。

（二）重大危险源的评价

根据危险物质及其临界量标准进行重大危险源辨识和确认后，就应对其进行风险分析评价。

一般来说，重大危险源的风险分析评价包括下述几个方面：

① 辨识各类危险因素及其原因与机制。

② 依次评价已辨识的危险事件发生的概率。

③ 评价危险事件的后果。

④ 进行风险评价，评价危险事件发生概率和发生后果的联合作用。

⑤ 风险控制，即将上述评价结果与安全目标值进行比较，检查风险值是否达到可接受水平，否则需进一步采取措施，降低危险水平。

（三）重大危险源的管理

单位应对工厂的安全生产负主要责任。在对重大危险源进行辨识和评价后，应对每一个

重大危险源制定出一套严格的安全管理制度，通过技术措施（包括化学品的选择，设施的设计、建造、运转、维修以及有计划的检查）和组织措施（包括对人员的培训与指导，提供保证其安全的设备，工作人员水平、工作时间、职责的确定，以及对外部合同工和现场临时工的管理），对重大危险源进行严格控制和管理。

（四）重大危险源的安全报告

单位应在规定的期限内，对已辨识和评价的重大危险源向政府主管部门提交安全报告。如属新建的有重大危害性的设施，则应在其投入运转之前提交安全报告。安全报告应详细说明重大危险源的情况，可能引发事故的危险因素以及前提条件，安全操作和预防失误的控制措施，可能发生的事故类型，事故发生的可能性及后果，限制事故后果的措施，现场应急计划等。

安全报告应根据重大危险源的变化以及新知识和技术进展的情况进行修改和增补，并由政府主管部门经常进行检查和评审。

（五）应急计划

应急计划是重大危险源控制系统的重要组成部分。单位应负责制定现场应急计划，并且定期检验和评估现场应急计划和程序的有效程度，以及在必要时进行修订。场外应急计划由政府主管部门根据单位提供的安全报告和有关资料制定。应急计划的目的是抑制突发事件，减少事故对工人、居民和环境的危害。因此，应急计划应提出详尽、实用、明确和有效的技术与组织措施。政府主管部门应将发生事故时要采取的安全措施和正确做法的有关资料发给可能受事故影响的公众，并保证公众充分了解发生重大事故时的安全措施，一旦发生重大事故，应尽快报警。

（六）工厂选址和土地使用规划

政府有关部门应制定综合性的土地使用政策，确保重大危险源与居民区和其他工作场所、机场、水库、其他危险源和公共设施安全隔离。

（七）重大危险源的监察

政府主管部门应派出经过培训的、合格的技术人员定期对重大危险源进行监察、调查、评估和咨询。

四、危险化学品安全管理系统评价方法

（一）安全检查表法

1．安全检查表

安全检查表是安全检查工作的有效手段，使用安全检查表进行安全检查，可以大大提高安全检查的质量。安全检查表有各种形式，不论何种形式，总体的要求是：第一内容必须全面，以避免遗漏主要的危险；第二要重点突出、简明扼要，否则的话，检查要点太多，容易掩盖主要危险，分散人们的注意力，反而使评价不确切。因此，重要的检查条款可作出标记，以便认真查对。

2．安全检查表的分类

1）按基本类型分类，可分为3种类型：定性检查表、半定量检查表和否决型检查表。

2）按其使用场合分类，有下列几种类型：设计用安全检查表；厂级安全检查表；车间安全检查表；班组及岗位安全检查表；专业性安全检查表。

3．安全检查表举例

安全检查表应列举需查明的所有会导致事故的危险因素。设计的安全检查表应系统化和全面，检查项目应明确。每个检查表均需注明检查时间、检查者、直接负责人等，以便分清责任。在每个检查项目还可以设改进措施栏。安全检查表举例见表2-19、表2-20。

表2-19 一般工厂厂级防火安全检查表

分 区	检 查 项 目	检查结果	备 注
厂区及建筑物	1．消防通道、紧急疏散通道是否畅通 2．是否有足够的便于灭火的机动场地 3．厂区交通道路的信号标志是否完好 4．易燃液体槽车装卸时是否有良好的接地 5．厂区交通道路、铁路沿线及站台货位等是否有足够的照明 6．各种照明设施是否完好 7．阶梯、地面等是否完好 8．厂区内物料堆放是否符合要求		
作业现场	1．火焰容易传播及蔓延的部位，如地板及墙壁的开口、通风及空调管道、楼梯通道、电梯竖井等是否符合防火要求 2．各种动力设备的防护装置与设施是否完好 3．有无明显标志的安全出口与紧急疏散通道并通向安全地点 4．火灾爆炸危险场所的电气系统（包括电气设备、照明及布线等）是否符合防火防爆要求 5．对各种火源及高温表面是否有效防护 6．有火灾爆炸危险的厂房、库房泄压措施是否符合要求 7．生产中含有大量易燃液体的污水，排放前是否经过处理，是否经过水封井进行排放 8．高大建筑，变配电设备，易燃气体、液体储罐区，突出屋顶的排放可燃物放空管等有无避雷设施，是否完好 9．气瓶的放置是否符合安全要求 10．作业场所易燃气体（蒸气）、粉尘浓度是否超标，通风是否良好，有无检测报警设施 11．有无必要的、明显的安全标志，是否完好		
生产工艺过程	1．所用原料、成品、半成品是否属于危险化学品，有无防范措施 2．有无安全操作规程，生产作业是否严格遵守安全操作规程 3．对可能发生的异常情况有无应急处理措施		
生产装置和设施	1．各种机械、设备上的安全设施是否齐全及灵敏好用 2．有火灾爆炸危险的装置与设备，有无抑制火灾蔓延或者减少损失的预防措施 3．有无电气系统接地、接零及防静电设施，是否完好 4．动力源及仪器仪表是否正常、完好 5．高温表面的耐火保护层是否完好 6．对可能发生的异常情况有无应急处理措施，如安全泄压设施等		
消防设施	1．有无火灾探测报警系统，是否完好 2．各种灭火器材的配置种类、数量及完好程度是否符合要求 3．消防供水系统是否可靠		

（续）

分　区	检查项目	检查结果	备　注
安全管理	1．有无按照规定配备专（兼）职安全管理人员，履行职责情况如何 2．各种安全管理制度、安全技术规程是否齐全，实施情况如何 3．是否进行安全检查，对检查结果如何处理 4．是否开展安全教育培训，效果如何 5．作业现场有无违章作业及违章指挥行为		

表 2-20　液化石油气站安全检查表

序号	评价内容及标准	评分标准	应得分	实得分
1	液化石油气灌装站应符合防火设计规定		（23）	
1.1	灌装站的四周应设置非燃烧体的围墙，并设有防止油气积聚的通风口	一项达不到要求扣3分	6	
1.2	灌瓶间和贮瓶库宜为敞开式	不符合要求不得分	3	
1.3	液化石油气的残液必须密闭回收，不得排入大气	不符合要求不得分	3	
1.4	灌装间地面宜铺设防碰撞起火花的表层	不符合要求不得分	3	
1.5	灌装间和泵房内设置易燃气体检测报警器，定期检查，确保完好	一个不完好扣 3 分	6	
1.6	灌瓶站内贮罐与灌瓶之间的防火间距不应小于 10m	不符合标准不得分	2	
2	液化石油气球罐区仪表检查	一个不完好扣 2 分	10	
3	液化石油气钢瓶充装		（16）	
3.1	钢瓶安全附件齐全，无损伤、腐蚀、变形	一个不符合扣 2 分	4	
3.2	钢瓶必须有产品合格证和质量合格证明书，并是国家指定厂家的产品	一项不符合不得分	4	
3.3	充装衡器准确灵敏、可靠，充装量符合要求，杜绝超量钢瓶出厂	一项不符合扣 4 分	8	
4	槽车充装		（26）	
4.1	槽车“三证”齐全	无证不得分	2	
4.2	罐体定期检查，外观合格	不合格不得分	3	
4.3	液面计灵敏准确	一块不准不得分	3	
4.4	紧急截断阀完好，有远控装置	不符合要求不得分	3	
4.5	快速接头连接无泄漏	达不到要求不得分	3	
4.6	胶管无老化、磨损等超标缺陷	有一处扣 1 分	4	
4.7	静电接地线连接完好、可靠	达不到要求不得分	3	
4.8	首次用或检验后首次用的槽车必须先用氮气置换或抽真空	不符合要求不得分	2	
4.9	汽车槽车应按规定配备防火罩、灭火器，并符合规定要求	不符合要求不得分	3	
4.10	充装液位符合规定要求	发现超装扣 10 分		
5	液化石油气铁路装车设施应符合规定要求		（9）	
5.1	液化石油气装车栈台与油品装车栈台同区布置时，宜布置在油品装卸栈台的外侧，并位于其下风向	不符合要求不得分	4	
5.2	液化石油气装车栈台的安全梯和紧急切断阀的设备，应符合规定要求	不符合要求不得分	5	
6	电气设备选型、安装符合规定的防爆等级要求	一处不符合不得分	8	
7	消防设施齐全完好	达不到要求不得分	8	
合计				

（二）事故树分析法

1．事故树分析

事故树分析是指以安全系统中的事故或故障（作为顶上事件）为分析对象，向下层层分析其发生原因，直到找出事故的基本原因，即事故树的底事件（基本事件）为止，并将事故和各层原因之间用逻辑符号连接起来，所得到的逻辑树状图形。事故树分析，又称故障树分析（Fault Tree Analysis，FTA），是美国贝尔电话实验室于 1962 年开发的，包括定性和定量两种分析。

2．**事故树分析图的绘制及举例**

事故树分析图中符号的意义见表 2-21。

表 2-21　事故树分析图中符号的意义

名　　称	符　　号	意　　义
基本事件或输出事件		表示顶上事件或中间事件
基础事件		独立的，不需要展开的事件
正常事件		系统正常功能中固有的事件
与门	或	在全部输入事件存在的条件下，才产生输出的逻辑门
或门	或	在几个输入事件中，任意一个输入事件存在的条件下，才产生输出的逻辑门
条件门	或	输入事件的控制条件满足后，才产生输出的逻辑门
输入	2 或 P.2	三角形内的数字表示由相同因素的事件传入的对应号数；垂直于三角形底部的箭头表示以第 2 页传入
输出	2 或 P.4 P.8	三角形内的数字表示由相同因素事件传出的对应号数；横越三角形上部的横线表示传出接受事件的页码数

事故树分析图的绘制就是从顶上事件开始，一级一级往下找出所有原因事件直到最基本的原因事件为止，按其逻辑关系画出事故树图。如图 2-5 所示，图中的双框或双圆表示主要危险点和主要控制点。

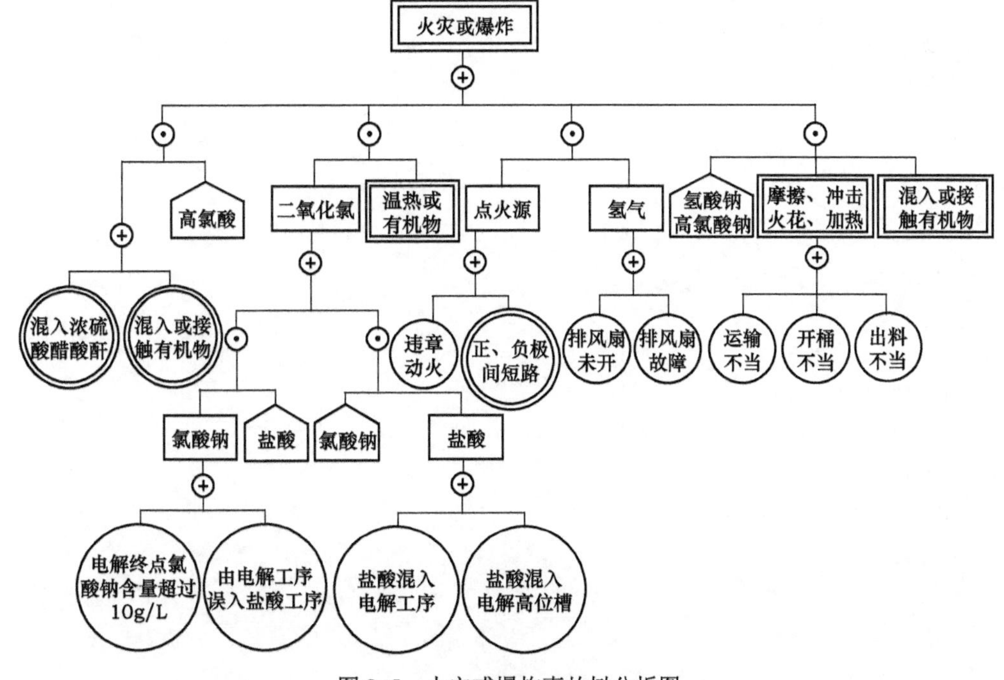

图 2-5　火灾或爆炸事故树分析图

【思考与练习】

1．什么是危险有害因素？危险有害因素是如何产生的？如何管理控制危险有害因素？

2．重大危险源控制系统是如何构成的？

3．某化工厂原料库（库区最大边缘距离为460m）储存有汽油20t、C_6H_6 10t、SO_2 10t、NH_3 2t、Cl_2 1t，问该原料库是否属于危险化学品重大危险源？

4．某危险化学品仓库储存有Cl_2 10t、NH_3 10t、H_2 10t、HCN 5t、Na 20t、乙醚20t、硝化甘油10t，仓库外500m范围内有暴露人员40人。问此仓库属于几级危险化学品重大危险源？它有哪些特殊的安全管理要求？

5．试用安全检查表法和事故树分析法对城市加油站的火灾原因进行分析。

第三章　危险化学品的特性及其灾害事故

为了便于识别和管理危险化学品，国际有关组织和各个国家有关部门以“法规”的形式对危险化学品进行分类管理。目前，我国对危险化学品分类管理的标准有国际标准和国内标准，这些标准的实施有助于危险化学品的安全监督和危害识别。各类危险化学品表现出不同的危险性，按类别对其危险性进行学习有助于更好地掌握各类物质的特点，为消防监督和应急救援提供科学指导。

第一节　危险化学品概述

【学习目标】

1. 了解危险化学品全球统一分类。
2. 熟悉我国的危险化学品分类、编号和标识标准。
3. 掌握危险化学品事故类型、原因和特点。
4. 掌握危险化学品的主要危险特性。

一、危险化学品

依据《危险化学品安全管理条例》（国务院令第 591 号），危险化学品是指具有毒害、腐蚀、爆炸、燃烧、助燃等性质，对人体、设施、环境具有危害的剧毒化学品和其他化学品。

在我国，列入《危险化学品目录》（2015 版）的危险化学品达 2828 种。《危险化学品目录》由国务院安全生产监督管理部门会同国务院工业和信息化、公安、环境保护、卫生、质量监督检验检疫、交通运输、铁路、民用航空、农业主管部门，根据化学品危险特性的鉴别和分类标准确定、公布，并适时调整。

二、危险化学品的分类

为了便于识别和管理，在实际生产生活中，危险化学品被国际有关组织和国家有关部门以“法规”的形式进行分类管理。

（一）危险化学品全球统一分类

1.《联合国关于危险货物运输建议书》

此标准将危险化学品分为 9 类，并有相应的危险化学品鉴别指标。涉及的危险化学品包括爆炸品、气体、易燃液体、易燃固体、易于自燃的物质和遇水放出易燃气体的物质、氧化性物质和有机过氧化物、毒性物质和感染性物质、放射性物质、腐蚀性物质、杂项危险物质和物品。

2．**联合国《全球化学品统一分类和标签制度》**（GHS/Globally Harmonized System of Classification and Labeling of Chemicals）

GHS是用于定义和分类化学品而制定的一种常规、连贯的方法，也是一项通过标签和安全数据表向其他环节传递信息的制度。目标人群包括工人、消费者、运输工人、紧急情况应对人员等，它为国家建立全面的化学品安全制度提供结构框架。

在2017年最新修订版的GHS中，按照危险化学品所具有的物理危险、健康危险和环境危险3个方面分为29类，每类按照其危险性程度又分为不同的项别，见表3-1。

表3-1　GHS系统危险性象形图与现行规定对照

	物理危险																	健康及环境危险											
危险性	爆炸物	易燃气体	气雾剂	氧化性气体	高压气体	易燃液体	易燃固体	自反应物质和混合物	发火液体	发火固体	自热物质和混合物	遇水放出易燃气体的物质和混合物	氧化性液体	氧化性固体	有机过氧化物	金属腐蚀物	退敏爆炸物	急毒性	皮肤腐蚀/刺激	严重眼损伤/眼刺激	呼吸或皮肤致敏	生殖细胞致突变性	致癌性	生殖毒性	特定目标器官毒性—单次接触	特定目标器官毒性—重复接触	吸入危险	危害水生环境	危害臭氧层
图式																													
现行规定	1	2.1*	2.1	5.1	2.2	3*	4.1	4.2	4.2	4.2	4.2	4.3	5.1	5.1	5.2	8	—	6.1*	8	8	—	—	—	—	—	—	—	—	—

（1）物理危险　物理危险包括：爆炸物、易燃气体、气雾剂、氧化性气体、高压气体、易燃液体、易燃固体、自反应物质和混合物、发火液体、发火固体、自燃物质和混合物、遇水放出易燃气体的物质和混合物、氧化性液体、氧化性固体、有机过氧化物、金属腐蚀物和退敏爆炸物共17类。

（2）健康危险　健康危险包括：急毒性、皮肤腐蚀/刺激、严重眼损伤/眼刺激、呼吸或皮肤致敏、生殖细胞致突变性、致癌性、生殖毒性、特定目标器官毒性—单次接触、特定目标器官毒性—重复接触、吸入危险共10类。

（3）环境危险　环境危险包括：危害水生环境和危害臭氧层2类，危害水生环境物质又分为急性水生毒性和慢性水生毒性2项。

（二）我国危险化学品的分类

中华人民共和国国家质量监督检验检疫总局和中国国家标准化管理委员会于1986年和1990年先后颁布了《危险货物分类和品名编号》（GB 6944—1986）和《危险货物品名表》（GB 12268—1990）两个国家标准，对种类繁多的危险化学品按其主要危险特性实行分类管理。2005年上述两个国家标准被修订为《危险货物分类和品名编号》（GB 6944—2005）

和《危险货物品名表》（GB 12268—2005），2012年12月1日，再次修订后的《危险货物分类和品名编号》（GB 6944—2012）和《危险货物品名表》（GB 12268—2012）正式实施。

1. 根据《危险货物分类和品名编号》的分类

《危险货物分类和品名编号》（GB 6944—1986、GB 6944—2005、GB 6944—2012）都把危险货物分为9大类。与GB 6944—2005相比，GB 6944—2012修订了标准中的术语和定义以及不同危险货物类、项的判据，增加了爆炸品配装组分类和组合，增加了危险货物危险性的先后顺序，增加了危险货物包装类别。与GB 6944—1986相比，GB 6944—2012和GB 6944—2005修改和补充了不同危险货物类、项的判据和定义，并适当调整了危险货物的类别和项别。3个标准的异同详见表3-2。

表3-2 《危险货物分类和品名编号》GB 6944—2012与GB 6944—2005、GB 6944—1986的比较

《危险货物分类和品名编号》（GB 6944—2012）	《危险货物分类和品名编号》（GB 6944—2005）	《危险货物分类和品名编号》（GB 6944—1986）
第1类 爆炸品 1.1项 有整体爆炸危险的物质和物品 1.2项 有迸射危险，但无整体爆炸危险的物质和物品 1.3项 有燃烧危险并有局部爆炸危险或局部迸射危险或这两种危险都有，但无整体爆炸危险的物质和物品 1.4项 不呈现重大危险的物质和物品 1.5项 有整体爆炸危险的非常不敏感物质 1.6项 无整体爆炸危险的极端不敏感物品	第1类 爆炸品 1.1项 有整体爆炸危险的物质和物品 1.2项 有迸射危险，但无整体爆炸危险的物质和物品 1.3项 有燃烧危险并有局部爆炸危险或局部迸射危险或这两种危险都有，但无整体爆炸危险的物质和物品 1.4项 不呈现重大危险的物质和物品 1.5项 有整体爆炸危险的非常不敏感物质 1.6项 无整体爆炸危险的极端不敏感物品	第1类 爆炸品 1.1项 具有整体爆炸危险的物质和物品 1.2项 具有抛射危险，但无整体爆炸危险的物质和物品 1.3项 具有燃烧危险和较小爆炸或较小抛射危险，或两者兼有，但无整体爆炸危险的物质和物品 1.4项 无重大危险的爆炸物质和物品 1.5项 非常不敏感的爆炸物质
第2类 气体 2.1项 易燃气体 2.2项 非易燃无毒气体 2.3项 毒性气体	第2类 气体 2.1项 易燃气体 2.2项 非易燃无毒气体 2.3项 毒性气体	第2类 压缩气体和液化气体 2.1项 易燃气体 2.2项 不燃气体 2.3项 有毒气体
第3类 易燃液体	第3类 易燃液体	第3类 易燃液体 3.1项 低闪点液体（闭杯闪点低于-18℃） 3.2项 中闪点液体（闭杯闪点为-18～23℃） 3.3项 高闪点液体（闭杯闪点为23～61℃）
第4类 易燃固体、易于自燃的物质、遇水放出易燃气体的物质 4.1项 易燃固体、自反应物质和固态退敏爆炸品 4.2项 易于自燃的物质 4.3项 遇水放出易燃气体的物质	第4类 易燃固体、易于自燃的物质、遇水放出易燃气体的物质 4.1项 易燃固体 4.2项 易于自燃的物质 4.3项 遇水放出易燃气体的物质	第4类 易燃固体、自燃物品和遇湿易燃物品 4.1项 易燃固体 4.2项 自燃物品 4.3项 遇湿易燃物品
第5类 氧化性物质和有机过氧化物 5.1项 氧化性物质 5.2项 有机过氧化物	第5类 氧化性物质和有机过氧化物 5.1项 氧化性物质 5.2项 有机过氧化物	第5类 氧化剂和有机过氧化物 5.1项 氧化剂 5.2项 有机过氧化物

（续）

《危险货物分类和品名编号》（GB 6944—2012）	《危险货物分类和品名编号》（GB 6944—2005）	《危险货物分类和品名编号》（GB 6944—1986）
第6类　毒性物质和感染性物质 6.1项　毒性物质 6.2项　感染性物质	第6类　毒性物质和感染性物质 6.1项　毒性物质 6.2项　感染性物质	第6类　毒害品和感染性物品 6.1项　毒害品 6.2项　感染性物品
第7类　放射性物质	第7类　放射性物质	第7类　放射性物品
第8类　腐蚀性物质	第8类　腐蚀性物质	第8类　腐蚀品 8.1项　酸性腐蚀品 8.2项　碱性腐蚀品 8.3项　其他腐蚀品
第9类　杂项危险物质和物品，包括危害环境物质	第9类　杂项危险物质和物品	第9类　杂类 9.1项　磁性物质 9.2项　另行规定的物品

2．根据我国建筑设计防火规范中的物质危险性分类

《建筑设计防火规范》（GB 50016—2014）中根据物质本身危险性的大小，将其生产、储存的危险化学品分为甲、乙、丙、丁、戊5个类别。生产的火灾危险性分类见表3-3，储存危险物品的火灾危险性分类见表3-4。

表3-3　生产的火灾危险性分类

生产类别	火灾危险性特征	
	项别	使用或产生下列物质的生产
甲	1	闪点小于28℃的液体
	2	爆炸下限小于10%的气体
	3	常温下受到水或空气中水蒸气的作用，能产生易燃气体并引起燃烧或爆炸的物质
	4	遇酸、受热、撞击、摩擦、催化以及遇有机物或硫黄等易燃的无机物，极易引起燃烧或爆炸的强氧化剂
	5	受撞击、摩擦或与氧化剂、有机物接触时能引起燃烧或爆炸的物质
	6	在密闭设备内操作温度大于等于物质本身自燃点的生产
乙	1	闪点大于等于28℃，但小于60℃的液体
	2	爆炸下限大于等于10%的气体
	3	不属于甲类的氧化剂
	4	不属于甲类的化学易燃危险固体
	5	助燃气体
	6	能与空气形成爆炸性混合物的浮游状态的粉尘、纤维、闪点大于等于60℃的液体雾滴
丙	1	闪点大于等于60℃的液体
	2	可燃固体
丁	1	对不燃烧物质进行加工，并在高温或熔化状态下经常产生辐射热、火花或火焰的生产
	2	利用气体、液体、固体作为燃料或将气体、液体进行燃烧作其他用的各种生产
	3	常温下使用或加工难燃物质的生产
戊	—	常温下使用或加工不燃烧物质的生产

表 3-4 储存危险物品的火灾危险性分类

储存物品的火灾危险性类别	储存物品的火灾危险性特征
甲	1．闪点小于 28℃的液体 2．爆炸下限小于 10%的气体，受到水或空气中的水蒸气的作用能产生爆炸下限小于 10%气体的固体物质 3．常温下能自行分解或在空气中氧化能导致迅速自燃或爆炸的物质 4．常温下受到水或空气中水蒸气的作用，能产生可燃气体并引起燃烧或爆炸的物质 5．遇酸、受热、撞击、摩擦、催化以及遇有机物或硫黄等易燃的无机物，极易引起燃烧或爆炸的强氧化剂 6．受撞击、摩擦或与氧化剂、有机物接触时能引起燃烧或爆炸的物质
乙	1．闪点不小于 28℃，但小于 60℃的液体 2．爆炸下限不小于 10%的气体 3．不属于甲类的氧化剂 4．不属于甲类的易燃固体 5．助燃气体 6．常温下与空气接触能缓慢氧化，积热不散引起自燃的物品
丙	1．闪点不小于 60℃的液体 2．可燃固体
丁	难燃烧物品
戊	不燃烧物品

三、危险化学品的编号

为便于管理，我国对每一种危险货物都进行了编号。在 GB 12268—2005 和 GB 12268—2012 中，修改了危险货物的编号方法，采用了联合国（UN）编号。

（一）UN 编号

UN 编号为危险化学品国际通用编号，它由联合国危险货物运输专家委员会编制的 4 位阿拉伯数字组成，用以识别一种物质或一类特定物质。例如，发烟硫酸的 UN 编号为 1831。

（二）GB 编号

GB 编号为危险化学品国标编号，它参照 UN 编号规则进行编号，所以 GB 编号等于 UN 编号。每一危险货物都有一个对应的 GB 编号，但对其性质基本相同，运输、存储条件和灭火、急救、处置方法相同的危险货物，也可使用同一编号。例如：瓦斯油、柴油或轻质燃料油的 GB 编号均为 1202；砷酸锌、亚砷酸锌或砷酸锌和亚砷酸锌混合物的 GB 编号均为 1712。

（三）CN 编号

1．编号组成

CN 编号由 5 位阿拉伯数字组成，表明危险化学品所属的类别、项号和顺序号。例如，TNT 的 CN 编号为 11035，一氧化碳的 CN 编号为 21005。

2．编号的表示方法

CN 编号的表示方法如下：

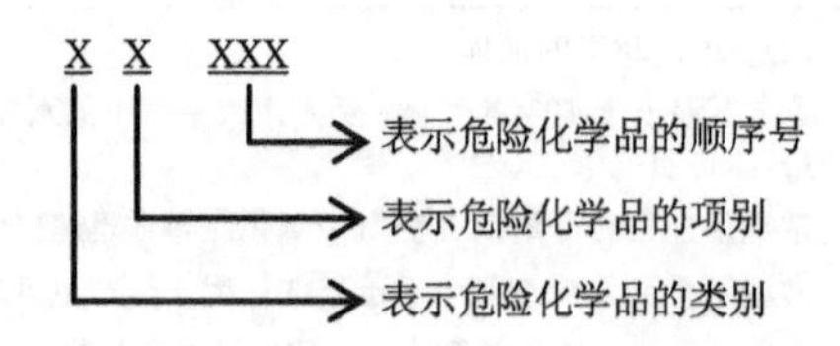

3．编号的使用

每一种危险化学品通常只有一个编号，但对其性质基本相同，运输条件和灭火、急救方法相同的危险化学品，也可使用同一编号。例如，正丙醚和异丙醚的 CN 编号均为 31027；氰化钠、氰化钾、氰化钙、氰化铜等氰化物的 CN 编号均为 61001。

4．举例

金属镁粉的 CN 编号为 43012，表明金属镁粉为第 4 类、第 3 项、顺序号为 012，属于遇湿易燃物品，即《危险货物分类和品名编号》（GB 6944—2012）中第 4 类第 3 项遇水放出易燃气体的物质。

（四）CAS No 编号

CAS No 编号为美国化学文摘服务社（Chemical Abstracts Service，CAS）为化学物质制订的登记号。

CAS 为每一种出现在文献中的物质分配一个 CAS No 编号，其目的是为了避免化学物质有多种名称的麻烦，使数据库的检索更为方便。如今，CAS 已经登记了三千多万种物质的最新数据，并且还以每天 4000 余种的速度增加。

一个 CAS No 以连字符“-”分为三部分，第一部分有 2 到 6 位数字，第二部分有 2 位数字，第三部分有 1 位数字作为校验码。如，三氯化氮的 CAS No 编号是 10025-85-1，对甲基苯酚的 CAS No 编号是 1319-77-3。

四、危险化学品的危险特性

危险化学品的危险特性主要体现在燃烧性、爆炸性、毒害性、氧化性、腐蚀性、感染性、放射性、污染性八个方面。

（一）燃烧性

危险化学品的燃烧性是指危险化学品能着火的性质。燃烧是指可燃烧物与助燃烧物（氧化剂）接触，在点火源作用下而发生的放光、放热或冒烟的化学反应现象。燃烧的本质是氧化还原反应，而反应过程中伴随的火焰、发烟等现象是燃烧的特征。按物质聚集状态不同，危险化学品中的可燃物有可燃固体、可燃液体、可燃气体三类。在表 3-2 危险品类别中，第 1 类爆炸品，第 2 类气体，第 3 类易燃液体，第 4 类易燃固体、易于自燃的物质、遇水放出易燃气体的物质等，大多数危险化学品都具有燃烧性。根据燃烧反应的引发原因、条件、过程等因素的不同，燃烧分为闪燃、着火、自燃、爆炸四种基本类型。危险化学品的燃烧性是引发火灾、爆炸事故的内因。

（二）爆炸性

危险化学品的爆炸有爆炸品的分解爆炸和爆炸性混合物的燃烧性爆炸两种形式。爆炸品，如 TNT、硝酸铵、雷酸汞的爆炸属于分解反应爆炸。这类爆炸品在外界能量源作用下，易分解产生大量的气体而产生爆炸压力，并以机械功形式对外释放能量。爆炸性混合物是指可燃气体（氢气、甲烷等）、可燃烧液体蒸气（汽油蒸气、苯蒸气等）或可燃粉尘（木粉、糖粉、铝粉等）与氧化性气体（如氧气、空气、氯气等）混合所形成的混合物。在爆炸极限浓度范围内，爆炸性混合物遇足够能量的点火源就能发生爆炸。爆炸性混合物的爆炸其本质是剧烈燃烧反应产生大量高温高压气体产物引起的，属于爆炸性爆炸。这种爆炸的难易程度取决于易燃气体的化学组成，它决定着易燃气体的爆炸浓度范围的大小、燃点的高低、燃烧速度的快慢、点火能量的大小和燃烧温度的高低等。爆炸浓度下限低、爆炸极限范围广的易燃气体，爆炸危险性就大；燃点低的易燃气体容易被点燃；点火能量越小的易燃气体，爆炸危险性就越大；易燃气体燃烧温度越高，辐射热就越强，越易引起周围可燃物燃烧，促使火势迅速蔓延扩展。

（三）毒害性

危险化学品的毒害性是指危险化学品与生命体接触后或进入生物活体体内后，能引起直接或间接损害作用的相对能力。人畜中毒途径主要有呼吸道吸入、消化道食入、皮肤接触、注射等方式。LD_{50}、LC_{50} 是经过统计学方法得出的一种物质毒性的单一计量，称为半数致死量。急性口服毒性半数致死量 LD_{50} 是使雌雄青年白鼠口服后，最可能引起受试动物在 14d 内死亡一半的物质剂量，试验结果以 mg/kg 体重表示；急性皮肤接触毒性半数致死量 LD_{50} 是使白兔的裸露皮肤持续接触 24h，最可能引起受试动物在 14d 内死亡一半的物质剂量，试验结果以 mg/kg 体重表示；急性吸入粉尘和烟雾毒性 LC_{50} 和急性吸入蒸气毒性 LC_{50} 是使雌雄青年白鼠连续吸入 1h 后，最可能引起受试动物在 14d 内死亡一半的蒸气、烟雾或粉尘的浓度，对粉尘和烟雾，试验结果以 mg/L 表示，对蒸气，试验结果以 ml/m^3 表示。毒性通常有以下几种表述：

① 急性口服毒性：$LD_{50} \leqslant 300mg/kg$；

② 急性皮肤接触毒性：$LD_{50} \leqslant 1000mg/kg$；

③ 急性吸入粉尘和烟雾毒性：$LC_{50} \leqslant 4mg/L$；

④ 急性吸入蒸气毒性：$LC_{50} \leqslant 5000mL/m^3$，且在 20℃和标准大气压力下的饱和蒸气浓度大于或等于 $1/5LC_{50}$。

（四）氧化性

危险化学品的氧化性是指危险化学品具有放出氧或促使其他物质燃烧的物质的性质。一般处于高价态的危险化学品具有氧化性。例如硝酸钾、硝酸锂、高氯酸、氯酸钾、次氯酸钙、高锰酸钾、高锰酸钠、过氧化钠、过氧化钾等。

（五）腐蚀性

危险化学品的腐蚀性是指危险化学品可通过化学作用使生物组织接触时造成严重损伤，

或在渗漏时会严重损害甚至毁坏其他货物或运载工具的性质。通常包括酸性腐蚀品、碱性腐蚀品和氧化性腐蚀品等。

（六）感染性

危险化学品的感染性是指危险化学品可能引起细菌、病毒、真菌、寄生虫等侵入人体造成人体的局部组织或全身性炎症的现象。感染性物质分为A类和B类。

（1）A类　以某种形式运输的感染性物质，在与之发生接触（感染性物质泄露到保护性包装之外，造成与人或动物的实际接触）时，可造成健康的人或动物永久性失残、生命危险或致命疾病。

（2）B类　A类以外的感染性物质。

（七）放射性

危险化学品的放射性是指危险化学品中的某些元素具有从不稳定的原子核自发地放出射线（如α、β、γ射线等）而形成未定的元素的现象。一般来说，原子序数在83以上的元素都具有放射性。

（八）污染性

危险化学品的污染性是指危险化学品进入自燃环境中，其数量或程度达到或超出环境的承载能力，从而使得环境受到影响的现象。危险化学品的环境污染具体包括土壤污染、水污染、大气污染、噪声污染、放射性污染、重金属污染等。

五、危险化学品事故

（一）危险化学品事故的定义

安全科学认为，广义上的危险化学品事故是指一切由危险化学物质引起的对人员、环境造成伤害损失的事故，简称危化品事故。此类事故通常也叫化学灾害事故。从危险化学品事故应急救援的角度来看，它主要是指与化学危险品有关的单位在生产、储存、运输、经营、使用、销毁过程中，突然发生的，涉及一种或多种危险物质大量泄漏、燃烧或爆炸，造成人员伤害或疾病、财产损失、环境急性或慢性破坏的意外事故。

（二）危险化学品事故的原因

研究表明，危险化学品事故发生是由于在灾害事故现场的物质系统中存在三类危险源，即第Ⅰ类危险源是能量和危险化学物质；第Ⅱ类危险源是约束能量释放或危险化学物质泄漏的条件；第Ⅲ类危险源是管理或技术的缺陷。而这三类危险源分别决定了事故的本质原因、直接原因和间接原因。若这三类原因相互影响，形成因果链锁关系，就能导致事故发生。从众多事故案例分析来看，往往是由于第Ⅲ类危险源出现问题，导致第Ⅱ类危险源普遍存在，从而引起第Ⅰ类危险源爆发，显现为各类事故，所以，第Ⅲ类危险源是事故背后隐藏着的更深层次的原因。

1. 事故本质原因——能量和化学物质

从事故的本质来看，意外失控的能量或化学物质泄漏是事故产生的根源，没有能量或危险化学品的系统不会产生事故。因此“能量”是导致事故发生的物质基础，是事故的本质原因。能量在物质系统中有多种形式存在，如物理能（热能、机械能、光能、电能等）、化学能（以燃烧、分解、爆炸等形式释放）、生物能、核能等。通常情况下，危险化学品的化学性质十分活泼，内含有“化学能”，容易发生化学反应释放出能量引发化学事故。因此，危险化学物品是导致化学灾害事故发生的物质载体，也是化学事故引发的本质原因。显然，如果系统中的化学能越多（危险化学品数量大、性质活性），那么导致化学事故的危险度（事故严重程度×事故概率）就越大。在实际生产生活中，像油库、煤气站、液化气站、危化品仓库中的某些化学品都含有巨大的化学能，所以这些场所或设施都是防范化学灾害事故发生的重点对象。

2. 事故直接原因——能量失控或危险化学品泄漏

系统中有能量和危险化学品，只是满足了事故发生的物质条件，但如果能量不失控或危险化学品不泄漏，那么事故也不会发生。通常情况下，系统中的能量是被约束着的，而危险化学品必须存放在特制的容器中，它们的使用或存储条件都十分严格。在这种情况下，能量和化学品其实被严格地控制着，因此是安全的。但是，一旦能量失控，或化学品的存储条件受到破坏，就会使能量释放或化学品泄漏，从而导致火灾、爆炸、中毒、污染等化学事故发生。这些约束条件失控属于事故的外因，也是事故的直接原因。它们主要有以下3种情况。

（1）设备故障因素　危化品在生产、储存、流通、使用中，由于工艺技术不成熟、设计缺陷、设备质量不合格，或设备老化，常年失修，出现故障，使塔、釜、泵、罐、槽、阀、管等设备发生跑、冒、滴、漏，若抢修处置不及时，就会造成事故。据相关资料显示，1963～1981年间，日本所发生的110起较严重的化学灾害事故中，50%左右的事故是由于设备老化，出现管道破裂，阀门被腐蚀导致物料跑、冒、滴、漏造成的。再如，2004年重庆天原化工厂“4.16”氯气泄漏事故，以及2005年吉林双苯厂“11.13”爆炸事故，都是由于设备发生故障引起的。

（2）人为因素　据统计资料表明，大多数的化学灾害事故的发生都不是偶然的，而是与人类的活动因素有直接或间接的关系。而致使化学灾害事故发生的人为因素又是多种多样的，它可能涉及政治、军事、外交、经济、科技和管理水平等方方面面。归纳起来主要有两个方面：一方面是人为破坏——恐怖分子或敌对分子利用化学物质进行蓄意破坏活动。如1995年3月20日，奥姆真理教徒在日本东京地铁制造的“沙林”事件，结果造成13人死亡，约5500人受感染中毒。另一方面是人为失误——在生产工作中，由于劳动者安全意识不强，安全知识缺乏，劳动技能素质不高等原因，致使出现违章操作、违章指挥等情况，最后导致灾害事故发生。如违反生产工艺操作规程，导致超温、超压、爆聚、飞温失控；危险品运输中驾驶违规超载发生车祸，油气田违章开采发生爆炸井喷。诸多人为因素在化学灾害事故原因中占相当大的比例。

（3）自然因素　由于地震、台风、洪水、泥石流等自然灾害的发生，导致化学危险品泄漏、燃烧、爆炸等次生灾害发生。

3．事故间接原因——技术和管理缺陷

（1）技术缺陷　在一定的历史条件下，人类的科技水平客观上存在着不足。由于人的认识水平和科技力量具有一定的滞后性和局限性，致使在化工生产中出现选址不合理，勘测、设计存在缺陷，工艺流程有隐患，安全连锁、安全泄压、紧急放空设施缺失等情况。

（2）安全管理缺陷　由于对危险化学品的安全管理制度缺失或疏漏，或执行不力，致使管理工作不能适应实际需要，也会造成化学事故频发，事故救援难以有效开展。如从事危化品行业的单位无证或违规办证进行生产、储存、运输、使用和经营等；职工无证上岗；设备维护保养措施不力，责任不明确；单位没有制定和演练有效的应急救援预案等。

（三）危险化学品事故的类型

危险化学品事故的类型，国内外尚无统一明确划分标准，实际工作中通常根据需要从不同的角度进行分类。

1．按事故后果的严重程度分类

一起化学灾害发生后，对其所造成的不良后果的判定，一般从经济损失、人员伤亡、社会影响、环境污染范围等几个指标来进行衡量。根据这些指标的大小，与火灾事故分类类似，危险化学品事故也通常被分为一般、重大、特大三类化学灾害事故。但是这种分类方法目前只是定性描述，国家还没有制定明确的定量统计标准。一般危险化学品事故通常事故危害范围很小（如限于车间或厂区小范围内），只对很少的人员造成轻微中毒或伤害，经济损失不大，通常只需要事故单位自己处理。重大危险化学品事故是指突然发生，生产设备受到严重损坏，对一定范围内的环境造成了污染，对周边的居民安全和正常生活秩序造成了影响，且造成多人急性中毒或伤亡，需要调集专业救援力量进行处置的事故。特大危险化学品事故是指有大量有毒有害物质泄漏，并造成成百上千人员中毒死亡，危害范围大并使城市的总体功能遭到严重破坏，社会秩序混乱，必须进行社会动员，组织大量人力、物力、财力进行救援的灾害性事故。如 1984 年，发生在印度博帕尔市郊的“12.3”异氰酸甲酯泄漏事故，导致 5 万余人失明，2 万多人严重中毒，50 余万人受到影响。再如 2005 年中国吉林的双苯厂“11.13”爆炸事故，造成了松花江严重污染，间接经济损失达上百亿元。这两起事故都是典型的特大危险化学品事故。从事故统计规律来看，相比较而言，一般、重大、特大危险化学品事故，它们的发生几率依次减小，而它们的危害程度依次增大。但是，因为危险化学品事故常伴有迅速燃烧、剧烈爆炸、大范围扩散的特点，因此，如果得不到及时有效的处置，即使是一般化学品事故也很容易变成重大事故，甚至酿成特大事故。

2．按有毒物质释放形式分类

按有毒物质释放的形式，化学灾害事故可分为直接外泄型和次生释放型两类。直接外泄型化学灾害事故是指由于某种原因，使生产、使用、储存或运输中的有毒物质直接向外释放而造成的事故，如氯气、苯、氨气泄漏事故。次生释放型化学灾害事故，是指某些本来无毒或低毒的化学物质，在燃烧、爆炸后次生出有毒或有害物质并向四周释放而造成的化学灾害事故。如火药不完全燃烧产生 CO，TNT 燃烧爆炸产生 NO_2，这些毒气会造成人员中毒事故。

3. 其他分类

实际工作中，在描述化学灾害时，有时还根据化学物质对人的灼伤和中毒两种主要伤害方式，把化学事故分成灼伤性化学事故和中毒性化学事故；根据化学品对环境空气、水源或土壤等污染对象的不同，把化学灾害分为空气污染事故、水源污染事故、土壤污染事故。

（四）危险化学品事故的特点

1. 突发性强，成灾迅速

危险化学品事故的成因很多且复杂，如在涉及危化品岗位，因人为操作失误、设备故障或车祸、船祸等情况极易瞬间发生，并引发化学危险物质漏泄、燃烧或爆炸。由于事故的诱因往往具有偶然性和瞬时性，事先没有明显的预兆，且事故发生的时间、地点不确定，使人猝不及防，加之危险品的化学活性或毒性很强，因此极容易迅速酿成灾祸。

2. 危害途径多，成灾范围广

许多危险化学品的危害特性很强，可能一种危化品就有燃烧、爆炸、腐蚀、污染等多种危险特性（如苯系物、黄磷等），所以在突发性化学灾害事故中，在伴随大量危险化学物质泄漏的同时，往往还有火灾、爆炸、中毒、污染等多种灾害连锁出现；加之受气候、地理环境等多种因素的影响，化学危险物可能迅速扩散到空气中、流入江河里、渗透到土壤深层，对现场人员造成身体灼伤、刺激、感染、中毒等伤害，对周边群众的正常生产生活秩序造成影响，对周围的生态环境造成破坏，最终使得大范围的人群和环境受灾。如果灾情特别严重还可能造成长期生态灾难，或引发国际争端，或引起社会动荡和混乱，给社会、经济、环境都造成巨大损失。如美国的墨西哥湾原油泄漏事件、中国吉林双苯厂爆炸事故、重庆开县天然气井喷事故等。

3. 处置专业性强，救援难度大

突发性化学灾害事故发生后，往往事态紧急，救援任务艰巨，需要专业人员进行施救。为了完成救援任务，一方面，救援人员必须携带诸如侦检、堵漏、破拆、警戒、防护、灭火、洗消等多功能抢险救助器材装备及时赶到现场，而且救援人员必须训练有素，指挥员要能对灾情进行评估、判断，制定处置方案，战斗人员要能掌握施救技能，使用专业工具开展救援工作，体现出很高的专业要求；另一方面，在化学灾害事故中，由于救援现场情况复杂，救灾面大，同时存在着高温、高压、低温、辐射、缺氧、高毒等危险，还可受能见度低、作业面湿滑、空间狭窄等不利因素的影响，使得侦检、救人、堵漏、灭火、疏散、洗消等一系列工作的难度增加，风险度增大，因此对救援工作顺利有效开展提出了很高的要求。

【思考与练习】

1.《全球化学品统一分类和标签制度》如何对危险化学品进行分类？
2.《危险货物分类和品名编号》（GB 6944—2012）对危险货物是如何分类的？
3. 危险化学品主要有哪些编号？
4. 简述危险化学品的主要危险特性。
5. 简述事故危险源的类型及其含义。
6. 简述危险化学品事故的类型、原因和特点。

第二节 爆 炸 品

【学习目标】

1．了解爆炸品的概念，以及常见爆炸品化学组成与性质的关系。
2．熟悉爆炸品的分类和编号。
3．掌握爆炸品的主要危险特性和安全管理措施。

一、爆炸品的概念

爆炸品是指在外界作用下（如受热、摩擦、撞击、震动等因素）能发生剧烈的化学反应，瞬间产生大量的气体和热量，使周围压力急剧上升而引发爆炸，对周围环境造成破坏的物品，也包括无整体爆炸危险，但具有燃烧、迸射及较小爆炸危险的物品。

根据《危险货物分类和品名编号》（GB 6944—2012），爆炸品包括：

① 爆炸性物质（物质本身不是爆炸品，但能形成气体、蒸气或粉尘爆炸环境者，不列入第①类），不包括那些太危险以致不能运输或其主要危险性符合其他类别的物质。

② 爆炸性物品，不包括下述装置：其中所含爆炸性物质的数量或特性，不会使其在运输过程中偶然或意外被点燃或引发后因迸射、发火、冒烟、发热或巨响而在装置外部产生任何影响。

③ 为产生爆炸或烟火实际效果而制造的，①和②中未提及的物质或物品。爆炸性物质是指固体或液体物质（或物质混合物），自身能够通过化学反应产生气体，其温度、压力和速度高到能对周围造成破坏。烟火物质即使不放出气体，也包括在内。爆炸性物品是指含有一种或几种爆炸性物质的物品。

二、爆炸品的分类

爆炸品的种类繁多，通常有两种分类方法。

（一）根据《危险货物分类和品名编号》（GB 6944—2012）分类

根据《危险货物分类和品名编号》（GB 6944—2012），爆炸品可以分为 6 类。

1．有整体爆炸危险的物质和物品

整体爆炸是指瞬间能影响到几乎全部载荷的爆炸。叠氮化铅、雷酸汞、雷酸银等起爆药，TNT、黑索金、苦味酸、硝化甘油、硝铵炸药等猛炸药，无烟火药、硝化棉、闪光弹药等火药，爆破用的磁电雷管、弹药用雷管等火工品均属于此类。

2．有迸射危险，但无整体爆炸危险的物质和物品

如带有炸药或抛射药的火箭、火箭头，装有炸药的炸弹、弹丸、穿甲弹，带有或不带有爆炸管、抛射药或发射药的照明弹、燃烧弹、烟幕弹、催泪弹、毒气弹，以及摄影闪光弹、闪光粉、地面或空中照明弹、不带雷管的民用炸药、民用火箭等均属于此类。

3．有燃烧危险并有局部爆炸危险或局部迸射危险或这两种危险都有，但无整体爆炸危险的物质和物品

本类包括满足下列条件之一的物质和物品：可产生大量热辐射的物质和物品；相继燃烧

产生局部爆炸或迸射效应或两种效应兼而有之的物质和物品。速燃导火索、点火管、点火引信、二硝基苯、苦氨酸、礼花弹等均属此类。

4. 不呈现重大危险的物质和物品

本类包括运输中万一点燃或引发时仅出现小的危险的物质和物品。其影响主要限于包装本身，并预计射出的碎片不大、射程也不远，外部火烧不会引起包装件内装物的瞬间爆炸。导火索、火炬信号、烟花爆竹等均属于此类。

5. 有整体爆炸危险的非常不敏感物质

本类包括有整体爆炸危险性、但非常不敏感，以致在正常运输条件下引发或由燃烧转为爆炸的可能性极小的物质。当船舱内装有大量本类物质时，由燃烧转为爆炸的可能性较大。铵油炸药等属于本类物品。

6. 无整体爆炸危险的极端不敏感物品

本类包括仅含有极不敏感爆炸物质、意外引发爆炸或传播的概率可忽略不计的物品，且其危险仅限于单个物品的爆炸。

（二）按爆炸品的性质和用途分类

1. 点火器材

点火器材包括用来引爆雷管、黑火药的物品，如导火索、火绳等。

2. 引爆器材

引爆器材指用来引爆炸药的物品，如导爆索、雷管等。

3. 炸药和爆炸性药品

按敏感性和爆炸威力，又可分为3类。

（1）起爆药　敏感性极高，用来诱爆其他炸药的药剂。如雷酸汞，它非常敏感，极易通过火花点火和轻微撞击使之爆炸。

（2）爆破药　爆炸威力强大，是装填炮弹、炸弹或用于各种爆破的烈性炸药。如TNT、黑索金、铵油炸药、硝铵炸药等。

（3）火药　指能迅速而有规律燃烧的药剂，如硝化纤维火药、硝化甘油火药、黑火药等。

4. 其他爆炸品

其他爆炸品指含有黑火药的制品，如爆竹、烟花、礼花弹等。

三、爆炸品的主要危险特性

（一）爆炸危险性

爆炸品都具有化学不稳定性，在外界能量源作用下，能以极快的速度发生猛烈的化学反应，产生的大量气体和热量在短时间内无法逸散开去，致使周围的温度迅速升高并产生巨大的压力而引起爆炸。

【演示实验 1】

用称量天平称取硝酸钾 3g（或 3 药匙）、硫黄 0.5g（或半药匙）、木炭粉 2g（或 2 药匙），然后在金属盘上将 3 种药品混合均匀（注意在混合的过程中，必须小心谨慎，动作轻微，防止出现危险），并分成 2 份。其中一份堆积为长度约 5cm 的线条，另一份装填在一个小纸筒里制成炸药。分别用点火器点燃两份混合物，观察实验现象（注意实验操作时保持安全距离，防止出现危险）。

黑火药因为遇火源发生剧烈的氧化还原反应，并产生大量的气体和热量，在第二个实验中，会因短时间内温度、压力聚增而引发爆炸。

1．爆炸的特点

（1）反应速度极快　爆炸反应一般在 10^{-6}～10^{-4}s 内完成。爆炸传播速度一般达到 2400～9000m/s。由于反应速度极快，瞬间释放的能量与时间成反比，时间越短，功率越大。如 1kg 的硝铵炸药完成爆炸反应的时间只有 3×10^{-5}s，爆速为 2400～3000m/s，爆炸能量在极短时间内放出，爆炸功率可达 220650kW。

（2）产生热量高　爆炸的反应热一般在 2926～6270kJ/kg，气体产物依靠反应热往往被加热到 2000～4000℃，压强可达（1～4）$\times10^4$MPa。这种高温、高压反应产物的能量最后转化为机械能做功，使周围介质受到强烈压缩和破坏。

（3）产生气体多　爆炸品爆炸后产生气体的多少与爆炸温度有关。爆炸温度越高，产生的气体越多，其破坏力也就越大。一般 1kg 爆炸品爆炸时能产生 700～1000L 气体。如 1kg 硝铵炸药爆炸时能在 3×10^{-5}s 内放出 869～963L 气体，使压强猛增到（1～4）$\times10^4$MPa，所以破坏力很大。

例如，黑火药的爆炸反应为：

$$2KNO_3+S+3C = K_2S+N_2\uparrow+3CO_2\uparrow+Q$$

黑火药的爆炸反应就具备化学爆炸的 3 个特点：反应速度极快，瞬间即进行完毕；放出大量的热量（3015kJ/kg），火焰温度高达 2100℃以上；产生大量的气体（280L/kg）。

而煤在空气中点燃后，虽然也能放出大量的热和气体：

$$C+O_2+3.76N_2 = CO_2+3.76N_2+Q$$

但由于煤的燃烧速度比较慢，产生的热量和气体逐渐地扩散开去，不能在其周围产生高温和巨大压力，所以只是燃烧而不是爆炸。

2．爆炸敏感性

爆炸品的敏感性是指爆炸品在受到加热、撞击、摩擦或电火花等能量作用时发生着火或爆炸的难易程度。这是爆炸品的一个重要特性，激发爆炸品爆炸所需的能量越小，说明越敏感。

不同爆炸品的敏感性是不同的，甚至差别很大。例如，碘化氮这种起爆药若用羽毛轻轻触动就可能引起爆炸，而常用的爆炸品 TNT 却用枪弹射穿也不爆炸。爆炸品的敏感性由许多内在、外在因素共同决定，而决定爆炸品敏感性的外在因素，由于受到人为因素的直接影响，其研究对爆炸品的生产、使用、储存和运输安全有着更重要的意义。

（1）晶体结构与颗粒大小　爆炸品的晶体结构不同，其敏感性也不同，这主要是由于晶格能量的不同决定的。例如氮化铅有 α 型与 β 型两种晶格体，α 型为棱柱状，β 型为针状。

由于β型的晶格能量较低，所以比α型的机械敏感性高，在其晶粒破碎时可发生自爆现象。又如，硝化甘油在凝固时，结晶呈斜方晶系的属于安定型，呈三斜晶系的属于不安定型，其敏感性较高。晶体颗粒大小与敏感性的关系，一般认为大颗粒晶体的爆炸品是比较敏感的，即爆炸品的敏感性随晶体颗粒的加大而提高。

（2）密度　爆炸品随其密度的增大，通常敏感性有所降低。因为爆炸品的密度不仅直接影响冲力、热量等外界能量在爆炸品中的传播，而且对爆炸品颗粒之间的相互摩擦也有很大影响，因此，储运过程中包装完好的爆炸品其敏感性比包装破裂的爆炸品要低，所以要注意包装完好，一般情况下不允许在松散状态下储运。

（3）环境温度　环境温度的高低对爆炸品的敏感性也有显著影响，温度越高越敏感。如硝化甘油在16℃时，其起爆能为0.2kJ/cm^2，在94℃时其起爆能为0.1kJ/cm^2，到182℃时，极微小的震动也会引起爆炸。因此，爆炸品在储运过程中一定要远离火种和热源，在夏季要注意通风和降温。

低温对爆炸品的影响，表现为个别爆炸品在低温条件下可生成不安定的晶体而影响其敏感性。例如硝化甘油混合爆炸品（爆胶）在低温条件下可生成呈三斜晶系的晶体，这种晶体对摩擦非常敏感，甚至微小的外力作用就足以引起爆炸。

（4）杂质　砂粒、石子、金属、酸、碱、水等杂质对爆炸品的敏感性有很大影响，而且不同的杂质所产生的影响也不同。

一般情况下，砂粒、石子等固体杂质，尤其是硬度高、有尖棱的杂质，能增加爆炸品的敏感性，因为这些杂质能使冲击能集中在尖棱上，产生许多高能中心，促使爆炸品爆炸。爆炸品还能与很多金属杂质反应生成更易爆炸的物质，特别是铅、银、铜、锌、铁等金属，与苦味酸、TNT、三硝基苯甲醚等反应的生成物，都是敏感性极高的爆炸品。强酸、强碱与苦味酸、爆胶、雷汞、黑索金、无烟火药等许多爆炸品接触能发生剧烈反应，或生成敏感性很高的爆炸品，一经摩擦即起爆。相反，水、石蜡、沥青等液态的或松软的物质掺入爆炸品后，往往会降低其敏感性。如：硝化棉含水量大于32%时，对摩擦、撞击等机械敏感性大为降低；苦味酸含水量大于35%时、硝铵炸药含水量大于3%时就不会爆炸。这是因为水能够在爆炸品晶体表面形成一层柔软薄膜，将晶体包围起来，当受到外界作用时，可减少晶体颗粒之间的摩擦，使冲击作用变弱，故使爆炸品敏感性降低。几种爆炸品失去爆炸性的湿度见表3-5。

表3-5　几种爆炸品失去爆炸性的湿度

爆炸品名称	湿度（%）	爆炸品名称	湿度（%）
六硝基二苯胺	75	TNT	30
苦味酸	35	黑火药	15
硝化棉	32	硝铵炸药	3

由此可见，爆炸品在储存和运输过程中，特别是在撒漏时，要防止砂粒、石子、尘土等杂质混入，避免与酸、碱接触。对能受金属激发的爆炸品，禁止用金属容器盛装，也不得用金属工具进行作业。同时还可以根据水对爆炸品的钝化作用和冷却作用，在着火时用水灭火。

3．爆炸破坏性

爆炸品一旦发生爆炸，爆炸中心的高温、高压气体产物会迅速向外膨胀，剧烈地冲击、压缩周围原来平静的空气，使其压力、密度、温度突然升高，形成很强的空气冲击波并迅速向外传播。冲击波在传播过程中有很大的破坏力，会使周围建筑物遭到破坏和人员遭受伤害。爆炸品无论是储存还是运输，通常数量都比较多，一旦发生爆炸事故危害就更大，所以必须研究其爆炸破坏性。决定破坏性的主要性能参数如下。

（1）爆速　爆炸品爆炸时，爆轰波沿装药直线传播的速度，称为爆速（m/s），它是爆炸品分解完成程度与作用效率的指标。爆速越快，则爆炸品的爆炸力和击碎力也就越大。

（2）威力　威力是指爆炸品爆炸时有效做功的能力，即对周围物体的抛掷和摧毁能力。威力的大小取决于爆热的大小。因为爆炸后气体生成量的多少与爆温的高低有关，爆热越大，气体越多，爆温越高，威力也就越大，则破坏能力越强，破坏的体积和范围也就越大。如1kg硝铵炸药爆炸后能放出 3852～4941kJ 的热量，可产生 2400～3400℃的高温，爆炸威力达230～350mL。几种常用爆炸品的爆炸威力和爆热见表3-6。

表3-6　几种常用爆炸品的爆炸威力和爆热

爆炸品名称	爆炸威力/mL	爆热（kJ/kg）
TNT	305	4221.8
特屈儿	390	4556.2
黑索金	495	5810.2
泰安	500	5852.2

（3）猛度　猛度是指爆炸品爆炸后对周围物体破坏的猛烈程度或粉碎程度，用以衡量爆炸品爆炸的局部破坏能力。猛度越大，则表示该爆炸品对周围物体的粉碎程度越大。几种常用爆炸品的爆炸猛度和爆速见表3-7。

表3-7　几种常用爆炸品的爆炸猛度和爆速

爆炸品名称	猛度/mm	爆速/（m/s）
TNT	13	7000（ρ=1.62）
特屈儿	19	7400（ρ=1.63）
黑索金	24	8370（ρ=1.70）
泰安	24.9	8440（ρ=1.73）

4．殉爆性

爆炸品A爆炸后，能够引起一定距离内的爆炸品B爆炸，这种现象称为爆炸品的殉爆。

（1）殉爆产生的原因　主爆药爆炸后，其爆炸能量通过介质传递给从爆药，下列原因可能引起从爆药殉爆。

① 主爆药的爆轰产物直接冲击从爆药。从爆药在炽热爆轰气团和冲击波的作用下达到起爆条件，于是发生殉爆。

② 空气冲击波冲击从爆药。当两爆炸品相距较远或从爆药装在某种外壳内时，从爆药主要受冲击波的作用，若作用在从爆药的冲击波速大于或等于从爆药的临界爆速时，就可能引起殉爆。

③ 主爆药爆炸时，抛掷出的固体碎片（如炮弹弹片或包装材料碎片等）冲击从爆药，也可引起从爆药的殉爆。

（2）影响殉爆的因素

① 主爆药的爆炸能量越大，引起殉爆的能力就越大。主爆药的爆炸能量与药量、爆炸威力、密度等有关。高威力、大药量爆炸品的爆炸，其殉爆距离较远。为了尽量减少殉爆危险，加工或储存爆炸品的建筑物需限定存药量，任何人都要遵守有关工房、库房定员、定量的规定。

② 从爆药的敏感性越高，其殉爆的可能性越大。凡是影响从爆药爆轰感度的因素（密度、装药结构、粒度大小、化学性质等），都能影响殉爆距离。

③ 两种爆炸品之间的介质种类不同，其殉爆距离也不同。例如苦味酸，药量 50g，主爆药密度 $1.25g/cm^3$，从爆药密度 $1.0g/cm^3$，均为纸外壳，其殉爆距离随介质不同而变化的情况见表 3-8。

表 3-8 殉爆距离与介质的关系

两种爆炸品间的介质	空气	水	黏土	钢	砂
殉爆距离/cm	28	4.0	2.5	1.5	1.2

④ 两爆炸品之间的连接方式不同，其殉爆情况也不同。如两爆炸品之间用管子连接时，爆轰产物和冲击波能集中沿着管子传播，增大了殉爆的能力，使殉爆距离增大很多。以苦味酸为例，主爆药 50g，密度为 $1.25g/cm^3$，从爆药密度为 $1.0g/cm^3$，试验数据见表 3-9。

表 3-9 殉爆距离与连接方式的关系

试验条件	无管道	内径 32mm、壁厚 1mm 纸管	内径 32mm、壁厚 5mm 钢管
50%殉爆距离/cm	19	59	125

从表 3-9 可以看出，即使采用壁厚仅 1mm、强度很低的纸管，其殉爆距离也比无管道时大 3 倍多，当管道为 5mm 厚的钢管时，殉爆距离增大到 6 倍多，可见管道的作用非常明显。由于爆炸品在制造和加工过程中常采用管道输送，故应在爆炸品及其原料的输送管道上设置隔火、隔爆装置，以避免引起殉爆。

⑤ 主爆药的引爆方向不同，对殉爆距离也有影响。这主要是由于引爆方向不同时，其冲击波在各个方向上的分布不均匀造成的。

5. 引起爆炸的主要原因

（1）遇高温热源或火焰　爆炸品对热的作用十分敏感，在实际工作中常常因为遇到高温热源或火焰的作用而发生爆炸。为了保证安全，不仅要在生产、运输、储存和使用过程中让爆炸品远离各种高温热源或火焰，还应对爆炸品的热感度、火焰感度进行测定，以便运用更加科学的方法进行防范和管理。

（2）机械作用　许多爆炸品在受到撞击、震动、摩擦等机械作用时都有爆炸的危险。在生产、储存和运输过程中，爆炸品均有可能受到意外的撞击、震动、摩擦等，在这些作用下能否保证安全，就必须研究爆炸品的机械感度。

（3）静电　爆炸品是电的不良导体，电阻率在 $10^{12}\Omega/cm$ 以上（火药电阻率约为 $10^{18}\Omega/cm$）。

在生产、包装、运输和使用过程中，爆炸品会经常与容器壁或其他介质摩擦产生静电，在没有采取有效接地措施导除静电的情况下就会使静电荷聚集起来。这种聚集的静电荷表现出很高的静电电位，最高可达几万伏，一旦有放电的条件形成，就会放电产生火花。当放电能量达到足以点燃爆炸品时，就会发生爆炸事故。所以，必须研究爆炸品的静电感度。

静电感度包括两个方面：一是爆炸品在摩擦时产生静电的难易程度；二是在静电放电火花作用下爆炸品发生爆炸的难易程度。

（二）燃烧危险性

1．着火危险性

由爆炸品的成分可知，凡是爆炸品全部都是易燃物质，而且着火不需外界供给氧气。这是因为许多爆炸品本身就是含氧的化合物或者是可燃物与氧化剂的混合物，受激发能源作用即能发生氧化还原反应而形成分解式燃烧。同时，爆炸品爆炸时放出大量的热，形成数千摄氏度的高温，能使自身分解出的可燃性气体产物和周围接触的可燃物起火燃烧，造成重大火灾事故。因此必须做好爆炸品的火灾预防工作，并针对爆炸品爆炸时的着火特点进行施救。

2．自燃危险性

一些爆炸品在一定温度下不需要火源的作用即自行着火或爆炸。例如双基火药长时间堆放在一起时，由于火药的缓慢分解放出的热量及产生的 NO_2 气体不能及时散发出去，火药内部就会产生热积累，当达到其自燃点时便会自行着火或爆炸。这是爆炸品在储存和运输工作中需特别注意的问题，所以，压实后的双基药粒不得装入胶皮口袋内，各种爆炸品不得堆大垛长时间存放，储存中应注意及时通风和防潮散热。

（三）毒害性

有些爆炸品，如苦味酸、TNT、硝化甘油、雷酸汞、叠氮铅等，本身具有一定毒害性，且绝大多数爆炸品爆炸时能产生诸如 CO、CO_2、NO、NO_2、HCN、N_2 等有毒或窒息性气体，可从呼吸道、食道甚至皮肤等进入人体，引起中毒。因此，在爆炸品爆炸现场进行施救工作时，除了防止爆炸伤害外，还应注意防止中毒。

四、爆炸品的安全管理

由于爆炸品在爆炸瞬间能释放出巨大的能量，使周围的人、畜及建、构筑物受到极大的伤害和破坏，因此，对爆炸品的储存和运输必须高度重视，严格要求，加强管理。

（1）选址要求　爆炸品仓库必须选择在人烟稀少的空旷地带，与周围居民住宅及工厂企业等建筑物必须有一定的安全距离，达到国家有关建设规划要求。

（2）安全设施要求　库房应为单层建筑，周围必须装设避雷针，照明灯具必须防爆，库房要通风散热（15～30℃）、禁火防晒、防雨防潮（湿度<65%，堆垛下垫 20cm 木板）、防盗防失。库区功能规划合理，消防通道畅通，消防水源、消防灭火设施齐全达标。

（3）安全制度完善 管理人员须执证上岗；“五双管理制度”（即双人验收、双人保管、双人发货、双本帐、双把锁）以及值班、交接班、安全巡查等必须完善，落实到位。

（4）堆放要求 爆炸品堆垛要牢固、稳妥、整齐，便于搬运；堆垛长宽高，垛距、墙距、柱距、顶距等应按规范堆码；不得超量储存，不得与氧化剂、酸碱盐类、易燃物、金属粉末等混杂存放。

（5）储存、保管要求 为确保爆炸品储存和运输的安全，必须根据各种爆炸品的性能或敏感度严格分类，专库储存、专人保管、专车运输。

（6）运输要求 驾驶员必须执证上岗；须按公安部门批准的行车时间和路线运输；禁止爆炸品与点火器材、起爆器材、爆炸性药品以及发射药、烟火、氧化剂、易燃物、钢铁材料器具等混装混运；装车完好、控制车速，避免颠簸振动；途中禁止乱停乱放，禁止在车站长时间停放。

（7）搬运要求 装卸和搬运爆炸品时，必须轻装轻卸，严禁拖拉、摩擦、撞击；散落的粉末或粒状爆炸品，应先用水润湿后，再用锯末或棉絮等柔软的材料轻轻收集，及时转移至安全地带处置，勿使残留；操作人员不准穿带铁钉的鞋和携带火柴、打火机等进入装卸现场，禁止吸烟。

【案例 1】硝铵炸药爆炸事故

2011 年 11 月 1 日 11 时 30 分许，福泉永远发展有限公司两辆从湖南运送硝铵炸药前往贵阳的车辆，在贵州省黔南州福泉市马场坪收费站附近一汽修厂检修时，驾驶员离开汽车时汽车轮胎意外起火，火势导致汽车爆炸。两车炸药约有 72t，爆炸波及方圆 2km 的范围，数千房屋出现不同程度的损坏，事故造成 8 人死亡，约 300 人不同程度受伤，其中 30 多人受重伤。

【思考与练习】

1．爆炸品有哪些主要危险特性？什么是殉爆？
2．爆炸反应有哪些特点及影响因素？
3．根据表 3-10 所列内容，简述黑火药的主要危险性及安全管理措施。
4．根据表 3-10 所列内容，简述 TNT 炸药的主要危险性及安全管理措施。

表 3-10 几种常见的爆炸品

爆炸品				理化特性					主要危险特性	灭火剂
名称	别称	化学式	编号 GB/CN	性状	爆燃点/℃	爆温/℃	爆热/（kJ/kg）	爆速/（m/s）		
导火索	导火绳 引火线		0066 14007	以黑火药为芯外层包有棉线	290～300	2200～2380		0.01	燃烧、爆炸	水、泡沫，禁沙土压盖
雷管	爆管 起爆管		0029 11001	单式雷管仅装起爆药，复式雷管装有起爆药和猛性炸药					爆炸	水、泡沫，禁撞击
闪光粉			0305 13042	为镁粉和氯酸钾的混合物，燃烧发出极强的白光					爆炸、燃烧	沙土，禁水、CO_2、CCl_4
乙炔银		Ag_2C_2	0473 11136	白色粉末，对撞击十分敏感	200				极易爆炸	水、泡沫，禁止撞击

（续）

爆炸品				理化特性					主要危险特性	灭火剂
名称	别称	化学式	编号 GB/CN	性状	爆燃点/℃	爆温/℃	爆热/（kJ/kg）	爆速/（m/s）		
2，4，6-三硝基苯酚	苦味酸 黄色炸药	$(NO_2)_3C_6H_2OH$	0154 11057	黄色针状或块状结晶，无臭味，极苦	300	3000～3200	5025	7350	爆炸燃烧，有毒	水、泡沫
2，4，6-三硝基甲苯	TNT	$GH_5O_6N_3$	0209 11035	白色或黄色晶状结晶，无臭味	475		5066	6900	爆炸燃烧，有毒	水、泡沫、隔离火源，禁沙土压盖
叠氮化铅	叠氮化高汞	$Pb(N_3)_2$	0129 11019	无色针状结晶或白色粉末	320～360	3050	1524	4500	爆炸，能被空气中的 CO_2 分解放出有强烈刺激性的叠氮酸	雾状水，禁用沙土压盖
黑火药	黑药		0027 11096	黑色粒状粉末，为硝酸钾、硫黄及炭末的混合物	270～300		3015	500	燃烧爆炸	雾状水，禁止沙土压盖
硝化甘油	甘油三硝酸酯	$C_3H_5(ONO_2)_3$	0143 11033	淡黄色稠厚液体，低温时极易冻结，冻结后熔化时极易引起爆炸	260	3000	6322	7600	爆炸	雾状水，禁止撞击
硝铵炸药	铵梯炸药		0222 11084	是硝酸铵与 TNT 等猛性炸药的混合物	250～320			4700～6000	爆炸燃烧	雾状水，禁用沙土压盖

第三节　炸 药 爆 炸

【学习目标】

1．熟悉炸药的概念和分类。
2．掌握炸药的爆炸特性、爆炸化学反应、爆炸机理、殉爆。
3．了解炸药安全管理的相关规定。

炸药是一类具有易燃易爆危险性的化学物质。可控的炸药爆破技术可以大大提高劳动生产效率，因此这类物质制品在采矿、建筑、军事等领域都有十分广泛的应用，但其爆炸一旦失控，将会造成严重的爆炸事故。消防人员应掌握火药、炸药的种类、危险特性、爆炸特点等相关知识，更好地对它们进行安全管理，防止爆炸事故发生。

一、炸药及其分类

（一）炸药

炸药通常是指火药、炸药的总称，有时也把火药、炸药合称为火炸药。火药一般是固体强氧化剂与可燃固体混合后形成的固态混合物，如黑火药是硝酸钾（75%）、木炭（15%）、硫粉（10%）的混合物；炸药一般是固体或液体纯净物，如 TNT、苦味酸是固体炸药，硝化甘油是液体炸药等。在实际使用中，为满足需要也把几种炸药进行混合或添加稳定剂进行处理，如铵梯炸药就是硝酸铵与 TNT 的混合物，而硝化甘油通常要浸没在稳定剂硅藻土中，以增强其安全稳定性。火药与炸药相比，火药的爆炸一般属于燃烧性爆炸，而炸药的爆炸属于分解性爆炸，因此，炸药爆炸产生的威力更大。

（二）炸药分类

根据实际用途，炸药可分为四大类。

（1）起爆药 起爆药是用来引爆猛炸药，使猛炸药爆炸后随即达到稳定爆轰的炸药。如雷酸汞、叠氮化铅、斯蒂芬酸铅、二硝基重氮酚等。其主要特点是敏感度高，在很弱的外界能量作用下就能爆炸，主要用来制造雷管、火帽等起爆器材。

（2）猛炸药 猛炸药是指敏感度较低，不易引爆，但一旦通过起爆药引爆后却能产生很大爆炸威力的高猛度炸药。如 TNT、黑索金、泰安、胶质炸药、塑性炸药等。这类炸药有单质炸药和混合炸药之分，爆炸破坏力强，通常是工程爆破和军用弹药的主装药。

（3）发射药 发射药是指燃点低、燃速快，在密闭、半密闭的环境中燃烧能产生高温高压气体的物质。按组分可分为有烟发射药（如黑火药）和无烟发射药（如硝化棉）等。发射药主要用作枪弹、炮弹的发射剂。

（4）烟火剂 烟火剂是指燃点低、燃速快，燃烧产物中含有大量烟雾的混合药剂，其组成通常为强氧化剂与可燃烧物、金属粉末和黏合剂，主要用来制造照明弹、信号弹、燃烧弹、烟雾弹和各种烟花爆竹等。

二、炸药爆炸性能

炸药的爆炸性能通常从炸药受外力作用的敏感度，以及爆炸后产生的爆炸威力、猛度、爆速等方面进行描述。

（一）炸药感度

炸药感度是指炸药在一定能量的热力、机械力或光照的作用下发生爆炸的难易程度（即敏感度）。炸药的感度需要在标准实验条件下进行测定。通过比较炸药的感度大小，就能知道它们的危险性大小，从而为安全管理工作提供依据。

（1）热感度 炸药在受热作用下引起爆炸或发火的难易程度，称为热感度。通常用爆发点和火焰感度来表示。爆发点是指将炸药加热到规定时间（一般是 5s 或 5min）而引起爆炸的最低温度，爆发点越低说明炸药越容易被受热点爆。火焰感度是指将炸药用火焰点燃的难易程度。实验中，能使炸药 100%发火的最大距离称为火焰感度上限，此上限距离越大，其火焰感度越大；使炸药 100%不发火的最小距离称为火焰感度下限，此下限距离作为判定炸药对火焰安全性的依据。

（2）机械感度 炸药在撞击、摩擦、针刺等机械作用下发生爆炸的难易程度，称为炸药的机械感度。根据实验条件，机械感度通常用撞击感度、摩擦感度和针刺感度表示。

（3）爆炸感度 一种炸药在另一种炸药的爆炸作用下而引发爆炸的难易程度，称为炸药的爆炸感度。某些炸药的感度见表 3-11。

表 3-11　某些炸药的感度

炸药＼感度	爆发点		火焰感度（100%发火的最大高度）/cm	摩擦感度（爆炸百分数）	撞击感度（落高或爆炸百分数）	
	5s	5min			H_{100}/cm	H_s/cm
斯蒂芬酸铅	265	—	54	70	36	11.5
雷汞	210	178～180	20	100	9.5	3.5
二硝基重氮酚	176	170～173	17	25	—	17.5
叠氮化铅	345	305～315	< 8	76	3.3	10
TNT	475	295～300	—	0	4～8（爆炸百分数）	
特屈儿	257	190	—	24	44～52	
黑索金	277	225～230	—	48～52	72～80	
泰安	225	210～220	—	92～96	100	
硝化甘油	222	200～205	—	—	100	

（二）炸药的安定性

炸药的安定性是指炸药在长期使用、保管过程中，受温度、湿度、阳光等条件的影响，保持其性质稳定的能力。这种能力越强的炸药，其安定性越好。

（1）化学安定性　它是指在使用、保管过程中，炸药虽受外界条件的影响，但仍能保持其化学性质稳定的能力，其主要取决于炸药的化学结构，杂质、温度、湿度对其影响也较大。如黑火药含水率增高，其燃烧滞后时间会延长，当含水率达到某一临界数值时火药将完全失去燃烧性，不能燃烧或爆炸；再如，液态硝化甘油的机械敏感度很高，稍受外力作用即可能爆炸，但是当把它浸没在硅藻土中，则相当稳定，即使用火燃它也不会爆炸，只有受到雷管引爆时才会爆炸。

（2）物理安定性　它是指炸药在不吸湿、不挥发的条件下，保持机械强度的能力。

（3）热安定性　它是指炸药在热的作用下，保持物理、化学性质稳定的能力。如在相同条件下，特屈儿的热安定性差于 TNT，而强于硝化甘油。

（三）炸药的热力学参数

炸药的热力学参数是衡量炸药爆炸作功能力和估计炸药爆炸破坏作用的重要指标。

（1）爆容（比容）　它是指单位质量的炸药爆炸后，气体产物在标准状况下所占的体积。

（2）爆热　单位质量的炸药爆炸时所放出的热量，称为炸药的爆热，通常用定容下爆炸时放出的热量表示。

（3）爆温　爆温是指炸药在爆炸瞬间所放出的热量将产物加热到的最高温度。

（4）爆压　炸药在一定容积内爆炸后，其气体产物的热容不再变化时的压力，称为炸药的爆压。

爆容、爆热和爆温越大，以及爆压越高的炸药，爆炸时对外作功能力越强。几种常见炸药的热力学参数见表 3-12。

表 3-12 几种常见炸药的热力学参数

炸药名称	爆容/（m^3/kg）	爆热/（kJ/kg）	爆温/℃
黑火药	0.28	2512	2615
TNT	0.695	4229	3050
黑索金	0.89	6280	3700
泰安	0.78	5862	—
硝化甘油	0.715	—	4600
雷汞	0.30	1717	4350
硝酸铵	0.98	1440	4040

（四）炸药的威力和猛度

炸药的威力是指炸药爆炸时作功的能力。威力越大的炸药，爆炸时破坏的范围和体积越大。通常用 TNT 当量（即某炸药的威力与 TNT 威力的比值）表示炸药的威力，它主要取决于爆热。炸药的猛度是指炸药爆炸时粉碎与其直接接触物体或介质的能力。它主要与爆速有关。通常用炸药爆炸时铅柱被压缩的高度表示炸药的猛度。表 3-13 列出了几种常见炸药的威力和猛度。

表 3-13 几种常见炸药的威力和猛度

炸药	特屈儿	黑索金	泰安	硝化甘油	苦味酸	硝酸铵	TNT
威力（%）	118.48	161.96	143.13	78.93	—	84.63	100
猛度/mm	19	24	24	22.5～23.5	19.2	—	16

（五）炸药的氧平衡

绝大多数炸药是由 C、H、O、N 等元素组成的有机化合物，因此炸药爆炸反应的实质是其中这些元素之间的氧化还原反应，其中 C、H 为可燃元素，O 为助燃元素，N 是变为 N_2 不消耗氧气。所谓炸药的氧平衡是指炸药中的氧与炸药中的碳、氢完全燃烧所需的氧之间的平衡关系。炸药的氧平衡关系可以通过氧平衡值（O_P）公式进行推断。

设某炸药的分子式为 $C_aH_bO_eN_d$，则它的 O_P 值可以用下式计算。

$$O_P = \frac{[e-(2a+b/2)]\times 16}{M} \tag{3-1}$$

式中 O_P——炸药的氧平衡值；

a、b、e——分别表示炸药分子组成中碳（C）、氢（H）、氧（O）的原子数；

M——炸药的摩尔质量；

16——氧的原子量。

炸药爆炸反应中，氧平衡关系可能出现三种情况：

1）正氧平衡。$O_P>0$，即炸药中的含氧量除供全部碳、氢氧化外还有剩余。其爆炸或爆炸产物中，CO_2 较多，CO 较少，可能会有 NO、NO_2 生成。

2）零氧平衡。$O_P=0$，即炸药中的含氧量恰好够使碳、氢完全氧化。其爆炸作功最大，爆炸产物中 CO_2、H_2O 最多，毒性最小。

3）负氧平衡。$O_P<0$，即炸药中的含氧量不足以使碳、氢完全氧化。其爆炸产物中，CO多于CO_2，所以产物毒性大。

例如，TNT炸药（2，4，6-三硝基甲苯）的化学式为：$C_7H_5O_6N_3$，分子量为227，则它的O_P值为：

$$O_P=\frac{\left[6-(2\times7+\frac{5}{2})\right]\times16}{227}=-0.74$$

同样，可计算出几种常见炸药的氧平衡值O_P，硝酸铵为0.2、硝化甘油为0.035、硝化乙二醇为0、泰安为–0.101、特屈儿为–0.474。

三、炸药爆炸反应及机理

（一）炸药爆炸反应

炸药在不同条件下会呈现热分解、燃烧和爆轰三种化学反应。

1．炸药热分解

如前所述，炸药对热有一定的热感度。当温度小于其燃点时，炸药只是进行缓慢的热分解反应，表现出一定的热稳定性；但是当温度大于其燃点时，就会加速分解转化为剧烈燃烧；而当温度达到爆发点，能量迅速聚集，压力激剧增大时，就会转化为爆轰反应。炸药热分解是一个放热反应过程，如炸药存储散热条件不好，就可能使炸药自身温度升高，导致火灾或爆炸事故发生。因此，炸药存储库应防热、防晒、防潮，加强通风，堆放不宜过密、过高，温度要控制在30℃以下。TNT的燃烧爆炸反应式为：

$$4C_7H_5O_6N_3+21O_2 = 28CO_2+10H_2O+6N_2$$

2．炸药燃烧

火药和炸药中都含有氧元素，当温度达到其燃点时就会燃烧。压力较小时，大多数炸药都能平稳地燃烧而不发生爆炸，燃烧线速度一般只有每秒几毫米到几米。黑火药的燃烧反应式为：

$$2KNO_3+S+3C = K_2S+N_2\uparrow+3CO_2\uparrow$$

一般把燃速不变的燃烧称为炸药的稳定燃烧，而把炸药燃烧速度不稳定的燃烧称为炸药的不稳定燃烧。减速不稳定燃烧会导致熄灭；加速不稳定燃烧会导致爆轰。炸药燃烧速度与压力、炸药的密度和状态、临界直径等因素有很大关系。

（1）压力　研究表明，炸药燃烧速度随着压力升高而增大，随着压力下降而减小；而且稳定燃烧还存在一个压力上限和下限。炸药能够维持稳定燃烧不变为爆轰的最高压力称为燃烧压力上限；燃烧能保持稳定燃烧而不熄灭的最低压力称为燃烧下限。压力高于上限时，炸药燃烧将转为爆轰；低于压力下限时，炸药燃烧将逐渐熄灭。

一般液态、粉状或低密度压装的炸药，压力上限较低；而高密度压装、注装，特别是胶质的炸药压力上限较高。这是因为燃烧产物容易进入低密度炸药的孔隙中，引起燃烧加速，使低密度压装的炸药在较低压力下就能转变成爆轰。起爆药的压力上限最低，约为一个大气压，发射药压力上限最高，炸药压力上限介于两者之间。某些炸药稳定燃烧的压力上限和压力下限见表 3-14。

表 3-14 某些炸药稳定燃烧的压力上限和压力下限

炸药及状态	稳定燃烧的压力上限/（$\times10^5$ Pa）	稳定燃烧的压力下限/（$\times10^5$ Pa）
粉状泰安和黑索金	25	—
粉状 TNT 和苦味酸	65	—
密度为 1.65g/cm^3 的泰安	>210	—
爆胶	>1200	—
硝化乙二醇	—	0.33～0.53
黑索金	—	0.88
一号硝化棉	—	0.53
硝化甘油	—	< 0.032

（2）密度和状态　粉状或低密度炸药，其燃速较低，反之则燃速较快；燃速快的炸药易转为爆轰，所以可通过改变炸药的状态和装药密度控制炸药爆炸性能参数。如可以通过降低装药密度来增大燃速，实现炸药从燃烧转变成爆轰，以提高炸药爆炸的做功效能。

（3）临界直径　在一定直径范围内，炸药燃烧才能维持稳定燃烧。当炸药直径增大时，炸药燃烧速度会随之加快；当炸药直径小于某数值时，炸药就不能维持稳定燃烧，甚至熄灭。

3．炸药爆轰

炸药爆轰时，反应速度超过音速，可达每秒数百米到数千米。炸药爆轰时，将产生高能量的冲击波向四周传播，使压力剧烈突跃，并对周围物体产生强烈的破坏作用。

（二）炸药爆炸反应特点

炸药爆炸属于凝聚体系爆炸，与高度分散体系的气体或粉尘爆炸不同，主要有 3 个特点。

（1）化学反应速度极快　炸药可在万分之一秒甚至更短的时间内完成爆炸。如 1m 长的导爆索爆炸只需 0.000154 s；1kg 呈集中药包形的硝铵炸药只需 0.00003s 就能完成爆炸。

（2）放出大量的热　炸药爆炸时的反应热达到数千到上万千焦，温度可达数千摄氏度并产生高压。如 1kg 硝化甘油爆炸时能放出 6100～6620kJ 热量，同时温度可达 4250℃，压力可达 9000atm。

（3）能产生大量的气体产物　炸药在爆炸瞬间由固体状态迅速转变为气体状态，使体积成百倍地增加。如 1kg 黑火药爆炸后能产生 70000L 气体，体积扩大上万倍；1kg 黑索金爆炸后能产生 890L 的气体；1kg TNT 爆炸后产生气体体积为 695L。

上述特点说明炸药爆炸有巨大的做功能力和很大的破坏力。

（三）炸药爆炸机理

炸药爆炸的过程也称为爆炸机理。本质上讲，炸药爆炸反应也是链锁反应，因此炸药爆炸速度虽然很快，但爆炸过程也可分为爆炸反应链引发（起始引爆）、链传递（爆炸进行）、链终止（爆炸结束）三个阶段。因为炸药分子结构不稳，加之炸药中含有氧元素，所以在外界能量源作用下，一旦炸药被引爆，即可自动地把链锁反应传递下去，直至反应结束。从引爆能量源作用形式上看，爆炸机理包括：

1．热爆炸机理

在热能作用下，炸药会发生热分解。开始时分解速度较慢，主要形成初始反应中心和积累活性中间产物，随后如果分解放热速率大于向周围环境的散热速率，就能产生蓄热升温，使分解速度加快，中间产物增多且相互碰撞，发生氧化反应，放出大量的热，温度急剧上升。如此循环往复，按链锁反应机理进行。当炸药的温度上升到其爆发点时，热分解就转化为爆炸。

2．机械能起爆机理

炸药在受到冲击或摩擦时，其中的微小区域首先被加热到起爆温度，形成灼热核，使炸药先发生局部爆炸，而后急速地扩展到全部爆炸。

3．爆炸能起爆机理

起爆药（如雷管）或主爆药爆炸后，产生的高温、高压气体和冲击波作用在炸药上，使从爆药受到均匀冲击加热（如均质炸药），或灼热核局部加热（如非均质炸药），引发炸药快速化学反应而爆炸。

四、炸药殉爆

（一）殉爆

当主爆药（A）爆炸后能引起其周边一定距离范围内的从爆药（B）发生爆炸的现象称为殉爆。殉爆的原因主要是由于主爆药爆炸后，产生的高温高压气体、火焰、冲击波、飞散碎片等能量源物质作用在从爆药上，达到了从爆药爆炸的基本条件，从而引起连环爆炸。

主爆药爆炸后的破坏区域及冲击波压力分布如图 3-1 所示。

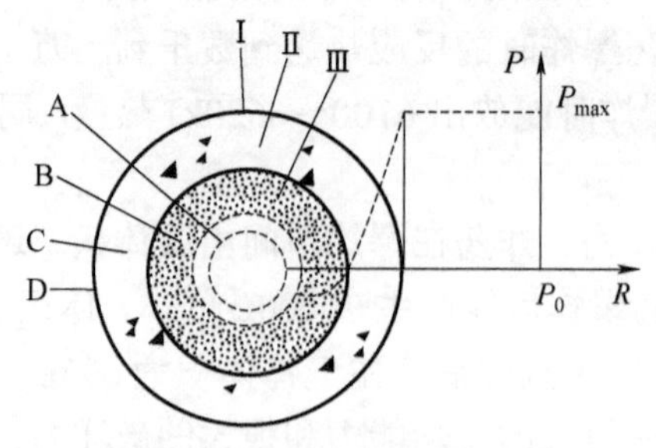

图 3-1　炸药爆炸后的破坏区域及冲击波压力分布

A—爆炸产物区　B—冲击波与产物区　C—冲击波与碎片飞散区　D—静止未扰动大气

Ⅰ—冲击波界面　Ⅱ—正压区　Ⅲ—负压区

（二）殉爆距离

在一定实验条件下，能使从爆药发生殉爆的最大距离称为该从爆药的殉爆距离，用 L 表示，如图 3-2 所示。殉爆距离与主爆药和从爆药的性能，以及爆炸物之间障碍物条件有关。一定质量的主爆药，其爆热、爆速、威力、猛度越大，以及从爆药的敏感度越小，则殉爆距离越小，反之则越大；而当主爆药与从爆药之间存在惰性介质或障碍物时，由于受这些物质吸能作用影响，殉爆距离将增大。

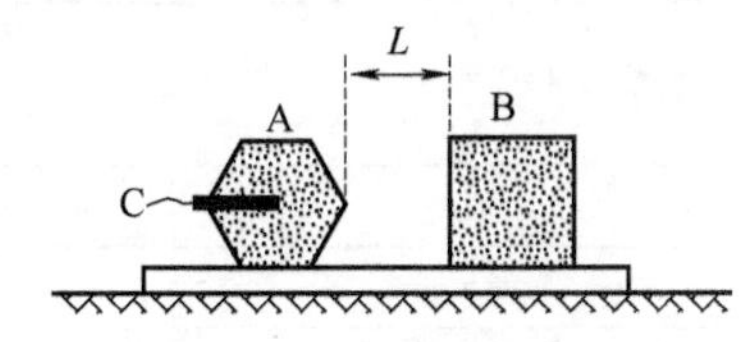

图 3-2　炸药殉爆示意图
A—主爆药　B—从爆药　C—雷管和引线

炸药仓库之间的殉爆安全距离 R_1 可由下式估算

$$R_1=K_1\cdot\sqrt{W} \tag{3-2}$$

式中　W——炸药质量，单位为 kg；

K_1——安全系数，单位为 $\mathrm{m/kg^{1/2}}$。

K_1 取值由炸药性质和储存条件决定，见表 3-15。

表 3-15　炸药仓库之间的安全系数 K_1

主爆药 \ 从爆药		硝铵炸药		TNT		高级炸药	
		裸	埋	裸	埋	裸	埋
硝铵炸药	裸	0.25	0.15	0.40	0.30	0.70	0.55
	埋	0.15	0.10	0.30	0.20	0.55	0.40
TNT	裸	0.80	0.60	1.20	0.90	2.10	1.60
	埋	0.60	0.40	0.90	0.50	1.60	1.20
高级炸药	裸	2.00	1.20	3.20	2.40	5.50	4.40
	埋	1.20	0.80	2.40	1.60	4.40	3.20

注：裸露的（裸）适用于储存炸药的轻型建筑物和裸露堆积的炸药；埋藏的（埋）适用于炸药储存在防护墙内的情况。

（三）爆炸安全距离

炸药爆炸安全距离是指炸药爆炸时，产生的冲击波、碎片等不会使周围炸药殉爆，不致对人造成伤害，以及不会对建筑物产生破坏的最小距离，单位为 m。

炸药爆炸时，不致人伤害的安全距离 R_{I} 可由下式进行估算

$$R_{\mathrm{I}}=5\cdot\sqrt{\frac{Q}{Q_{\mathrm{TNT}}}\cdot W} \tag{3-3}$$

炸药爆炸时，对建筑物造成允许程度的破坏或使其免遭破坏的安全距离 R_{II} 可由下式估算

$$R_{\mathrm{II}}=K\cdot\sqrt{\frac{Q}{Q_{\mathrm{TNT}}}\cdot W} \tag{3-4}$$

式中 Q 和 Q_{TNT}——估算炸药和TNT的爆热，单位为kJ；

W——估算炸药的质量，单位为kg；

K——取决于安全设防等级和炸药库房或工房外有无土堤的安全系数，见表3-16。

表3-16 安全设防等级与安全系数 K 值

安全设防等级	可能破坏程度	安全系数 K	
		无土堤	有土堤
Ⅰ	完全无破坏	50～150	10～40
Ⅱ	玻璃窗偶然破坏	10～30	5～9
Ⅲ	玻璃窗完全破坏，门及窗框局部破坏，墙上抹灰及内墙有破裂	5～8	2～4
Ⅳ	内墙破坏，窗框、门、木板房及板棚等破坏	2～4	1.1～1.9
Ⅴ	不坚固的砖石及木结构建筑物破坏，铁路车辆颠覆，输电线破坏	1.2～2.0	0.5～1.0
Ⅵ	坚固的砖墙破坏，城市建筑及工业建筑完全破坏，铁路损坏	1.4	—

在有瓦斯或可燃性矿尘存在的矿井中，使用的炸药应为安全炸药。如果瓦斯或矿尘在空气中的含量达到一定浓度，就会形成爆炸性介质。这种介质在普通炸药爆炸形成的空气冲击波压力、炽热固体颗粒、高温气体产物及二次火焰等作用下，就会发生火灾、爆炸事故。

五、炸药安全管理

在国家标准《危险货物分类和品名编号》（GB 6944—2012）中，将炸药列为第一类爆炸品。国务院颁布的第591号令《危险化学品安全管理条例》规定，火药、雷管、炸药等爆炸品必须在生产、储存、运输、使用和经营等重要环节加强安全管理。管理的执法主体主要有安监、公安、交通、消防等政府职能部门；管理对象包括爆炸品生产经营单位的主要负责人和从业人员，以及执法人员本身；监管内容包括规章制度、建设规划、安全设施、设备、应急预案等。

安全执法人员在实际工作中，应着重在以下几方面进行监督检查：

（1）资质是否合格　生产经营单位负责人和从业人员是否具备从事炸药生产、储存、运输、使用和经营的相关知识，是否经过专业培训，取得合法经营证照和从业资格证等。

（2）规划是否合法　生产经营单位的使用土地是否经过合法审批，厂区规划布局是否合理，消防通道、殉爆距离等是否符合要求，是否经过相关部门审批、验收合格等。

（3）制度是否完善　生产经营单位是否制定了严格的安全制度，包括员工安全教育培训制度、值班制度、货物出入库制度、设备检修报废制度等。

（4）设施设备是否有效　生产设备、运输车辆、消防设施等是否合格、有效等。

【思考与练习】

1．什么是炸药？炸药是如何分类的？

2．简述炸药爆炸中的化学反应和炸药爆炸机理。

3．什么是殉爆？殉爆的原因是什么？

4．什么是殉爆距离和爆炸安全距离？

第四节　烟 花 爆 竹

【学习目标】

1. 了解烟花爆竹的概念及分类。
2. 熟悉常见烟花爆竹的性质和危险特性。
3. 掌握燃放烟花爆竹的消防安全措施。

烟花爆竹是指礼花（焰火）、鞭炮（爆竿、爆仗）等烟火类物品的总称，它们是一类常见的民用燃爆危险物品。燃放烟花爆竹实际上是其内部填充的火药类化学物质在燃烧，现代燃烧理论研究表明，虽然火药的配方类别有多种，如黑火药、礼花药、喷花药、烟雾剂等，但各类火药的主要成分无非是由强氧化剂（如硝酸钾、氯酸钾等）和可燃物（如炭粉、硫黄、镁铝合金粉、钛粉等）混合在一起得到的粉状或颗粒状混合物。火药燃烧的化学反应具有燃烧速度快、温度高、压力大的特点，在密闭空间内，火药剧烈燃烧能转变为迅猛的爆炸。

一、烟花爆竹及其分类

（一）烟花爆竹

根据《烟花爆竹安全管理条例》的规定，烟花爆竹是指烟花爆竹制品和用于生产烟花爆竹的原材料的总称，即常见的礼花弹、鞭炮、组合烟花等制品，以及民用黑火药、烟火药和引火线等物品。烟花爆竹引燃后通过燃烧或爆炸，产生光、声、色、型、烟雾等效果，用于观赏，具有易燃易爆的危险性。

（二）烟花爆竹的燃爆原理

烟花爆竹的燃爆原理与它的结构和填充药剂有关。通常情况下各种烟花爆竹的结构都由弹体、引线、修饰外包装3部分组成。弹体是一个密闭的容器，一般制成纸筒、纸球、纸棒等形状，根据不同需要弹体内填充各种配方及剂量的火药，弹体上留有小孔，插入引线导出，外包装用鲜艳的印刷图案或制成各种造型进行修饰。当点燃烟花爆竹时，利用火药剧烈燃烧产生的高温高压气体，即可形成爆炸冲力产生声、光、火、烟、气等效果。例如，黑火药着火时，发生如下化学反应：

$$2KNO_3+S+3C = K_2S+N_2\uparrow+3CO_2\uparrow+Q$$

黑火药敏感性强，易燃烧，火星即可点燃，破坏力极强。反应时，硝酸钾分解放出氧气帮助木炭和硫黄剧烈燃烧，瞬间产生大量的热和N_2、CO_2等气体，同时还有K_2CO_3、K_2SO_4、K_2S等固体微粒分散在气体中，形成浓烟，爆燃瞬间温度可达1000℃以上。由于体积急剧膨胀，压力骤烈增大，于是发生了爆炸。据测定，4g 黑火药着火燃烧时，大约可以产生 280L 气体，体积可膨胀近万倍。

（三）烟花爆竹的种类

在《烟花爆竹安全与质量》（GB 10631—2013）中，根据结构与组成、燃放运动轨迹与燃放效果，将烟花爆竹产品分为以下 9 大类及若干小类，见表 3-17。

表 3-17　烟花爆竹产品类别及定义

序号	产品大类	产品大类定义	产品小类	产品小类定义
1	爆竹类	燃放时主体爆炸（主体筒体破碎或者爆裂）但不升空，产生爆炸声音、闪光等效果，以听觉效果为主的产品	黑药包	以黑火药为开爆药的爆竹
			白药包	以高氯酸盐或其他氧化剂并含有金属粉末成分为开爆药的爆竹
2	喷花类	燃放时以直向喷射火苗、火花、声响（响珠）为主的产品	地面（水上）喷花	固定放置在地面（或者水面）上燃放的喷花类产品
			手持（插入）喷花	手持或者插入某种装置上燃放的喷花类产品
3	旋转类	燃放时主体自身旋转但不升空的产品	有固定旋转轴的烟花	产品设置有固定旋转轴的部件，燃放时以此部件为中心旋转，产生旋转效果的旋转类产品
			无固定旋转轴的烟花	产品无固定轴，燃放时无固定轴而旋转的类旋转产品
4	升空类	燃放时主体定向旋转升空的产品	火箭	产品安装有定向装置，起到稳定方向作用的升空类产品
			双响	圆柱形筒体内分别装填发射药和爆响药，点燃发射竖直升空（产生第一爆响），在空中产生第二爆响（可伴有效果）的升空类产品
			旋转升空烟花	燃放时自身旋转升空的产品
5	吐珠类	燃放时从同一筒体内有规律地发射出（药粒或药柱）彩珠、彩花声响等效果的产品		
6	玩具类	形式多样、运动范围相对较小的低空产品，燃放时产生火花、烟雾、爆响等效果，有玩具造型、线香、摩擦、烟雾产品等	造型	产品外壳制成各种形状，燃放时或燃放后能模仿所造形象或动作；或产品外表无造型，但燃放时或燃放后能产生某种形象的产品
			线香	将烟火药涂敷在金属丝、木杆、竹竿、纸条上，或将烟火药包裹在能形成线状可燃的载体内，燃烧时产生声、光、色形效果的产品
			烟雾	燃放时以产生烟雾效果为主的产品
			摩擦	用撞击、摩擦等方式直接引燃引爆主体的产品，有沙炮、击纸、擦地炮、圣诞烟花等
7	礼花类	燃放时，弹体、效果件从发射筒（单筒，含专用的发射筒）发射到高空或水域后能爆发出各种光色、花型图案或其他效果的产品	小礼花	发射筒内径< 76mm，筒体内发射出单个或多个效果部件，在空中或水域产生各种花型、图案等效果。可分为裸药型、非裸药型；可发射单发、多发
			礼花弹	弹体或效果部件从专用发射筒（发射筒内径>76mm）发射到空中或水域产生各种花型、图案等效果。可分为药粒型（花束）、圆柱形、球形
8	架子烟花类	以悬挂形式固定在架子装置上燃放的产品，燃放时以喷射（直向、侧向、双向）火苗、火花，编制形成字幕、图案、瀑布、人物、山水等画面。分为瀑布、字幕、图案等		
9	组合烟花类	由两个或两个以上小礼花、喷花、吐珠等同类或不同类烟花组合而成的产品	同类组合烟花	限由小礼花、喷花、吐珠同类组合，小礼花组合包括药粒（花束）型、药柱型、圆柱形、球形以及辅助型
			不同类组合烟花	仅限由喷花、吐珠、小礼花中两种组合

注：烟雾、摩擦仅限出口或专业燃放。

二、烟花爆竹的主要危险特性及危险等级

（一）烟花爆竹的主要危险特性

【演示实验 2】

取面粉 1g（或 1 药匙）、氯酸钾 2g（或 2 药匙），注意严格控制数量，防止危险，然后在金属盘上将面粉与氯酸钾混合均匀，并分成 2 份，分别堆积为长度约 5cm 的线条。一份在通风橱内用点火器点燃面粉与氯酸钾的混合物，观察实验现象；另一份在通风橱内用滴管滴加 98%的浓硫酸 2 滴至面粉与氯酸钾的混合物中，观察实验现象。

面粉与氯酸钾的混合物相当于配制的火药，遇明火、机械摩擦、撞击等物理能或化学能的作用，会发生剧烈燃烧产生大量的气体和热量。

1．燃爆性

烟花爆竹是由燃点低的纸张和热敏感性极强的火药为原材料制成的，若操作不当，或受高温高热，或遇到明火、火星、火花、撞击、摩擦等能量作用时，都会引发燃烧导致火灾及爆炸事故。因此，在生产加工、运输、仓储、经营和燃放过程中，应严格执行操作规程，按规范要求禁火、通风散热、包装、搬运、堆码、燃放等。同时，在事故救援中，也必须十分小心，注意做好事故现场侦察和人员防护，防止爆炸伤人。

2．毒害性

烟花爆竹的药剂成分如硝酸钾、氯酸钾、硫黄等化学物质本身具有一定的毒性，同时燃爆产生的烟气中含有 CO、CO_2、NO、NO_2、HCN 等毒气，以及 K_2CO_3、K_2SO_4 和 K_2S 等固体微粒，这些物质一旦大量被人体呼入会引起人员窒息中毒。因此，在烟花爆竹燃放场所或事故救援中应注意防毒。

（二）烟花爆竹的危险等级

在《烟花爆竹安全与质量》（GB 10631—2013）标准中，按照药量及所能构成的危险性大小，将烟花爆竹产品分为 A、B、C、D 4 个等级。

A 级：由专业燃放人员在特定的室外空旷地点燃放、危险性很大的产品。

B 级：由专业燃放人员在特定的室外空旷地点燃放、危险性较大的产品。

C 级：适于室外开放空间燃放，危险性较小的产品。

D 级：适于近距离燃放，危险性很小的产品。

三、烟花爆竹的安全管理

（一）管理依据

近年来经过不断建设，在烟花爆竹安全管理方面，我国已经形成了一套比较完善的管理法规体系，主要包括以下法律法规和标准。

1）《中华人民共和国安全生产法》，2002 年 11 月 1 日施行。

2）《烟花爆竹安全管理条例》，2006 年 1 月 21 日施行。

3）《烟花爆竹安全与质量》（GB 10631—2013），2013 年 3 月 1 日施行。

4）《烟花爆竹抽样检查规则》（GB/T 10632—2004），推荐性标准，2005 年 3 月 1 日施行。

5）《烟花爆竹组合烟花》（GB 19593—2004），强制性标准，2005 年 3 月 1 日施行。

6）《烟花爆竹礼花弹》（GB 19594—2004），强制性标准，2005 年 3 月 1 日施行。

7）《烟花爆竹引火线》（GB 19595—2004），强制性标准，2005 年 3 月 1 日施行。

8）《烟花爆竹工程设计安全规范》（GB 50161—2009），强制性标准，2010 年 7 月 1 日施行。

（二）行政管理体系

作为一类特殊的危险化学品，国家对烟花爆竹的安全管理一直都十分重视，并以法律的形式确立了管理主体及其任务和职责。根据 2005 年 2 月 18 日中央编制办公室《关于进一步明确民用爆炸物品安全监管部门职责分工的通知》，以及 2006 年 1 月 21 日，国务院公布的《烟花爆竹安全管理条例》，目前，烟花爆竹安全管理的行政主体是安全生产监督管理总局、质检总局、公安部、工商总局及其下属部门机构。各部门按照职责分工，从生产、运输、储存、经营、燃放等各个环节对烟花爆竹进行全方位的管理。具体规定如下：

1．国家安全生产监督管理总局负责烟花爆竹的安全生产监督管理

主要包括：监督烟花爆竹生产经营单位贯彻执行安全生产法律法规的情况，审查烟花爆竹生产经营单位安全生产条件和发放安全生产许可证、销售许可证，组织查处不具备安全生产基本条件的烟花爆竹生产经营单位，查处烟花爆竹安全生产事故。

2．国家质检总局负责烟花爆竹的质量监督管理

主要包括：监督抽查烟花爆竹的质量，检验进出口烟花爆竹的安全质量。

3．公安部门负责烟花爆竹的公共安全管理

主要包括：许可烟花爆竹运输和确定运输路线，组织销毁处置废旧和罚没的非法烟花爆竹，侦查非法生产、买卖、储存、运输、邮寄、燃放烟花爆竹的违法行为。

4．国家工商行政管理总局负责对烟花爆竹的合法经营情况进行管理

主要包括：营业证照是否齐全、产品质量是否合格等。

（三）烟花爆竹管理的消防安全

1．运输的消防安全

① 运输烟花爆竹的车辆，应使用汽车、手推车，禁止使用翻斗车和各种挂车，运输时遮盖要严密。

② 手推车、板车的轮盘必须是橡胶制品，机动车应低速行驶。

③ 进入仓库区的机动车辆，必须有防火花装置。

④ 装卸作业中，只许单件搬运，不得碰撞、拖拉、摩擦、翻滚和剧烈振动，不得使用铁橇杠等铁制工具。

⑤ 运输中不得抢道，车距应不小于 20m，烟火药装车堆码不超过车厢高度。

⑥ 运输烟花爆竹必须派专人押运，并悬挂危险化学品安全标志。

2．储存的消防安全

① 产品应存放在专用危险化学品库。库房应通风干燥，库房温度不得超过 35℃，相对湿度控制在 75%以下，并备有相应的消防器材。

② 产品可以堆垛存放或货架存放。堆垛或货架之间应留有不小于 2m 宽的运输通道。堆垛或货架距内墙至少保持 0.45m，堆垛高度不得超过 2m，货架高度不得超过 1.85m。

③ 产品在正常条件下运输、储存，不得超过有效期。

④ 储存仓库与经营规模、产品品种相适应并符合安全要求。

⑤ 储存仓库的内部安全距离、布局、建筑结构、安全疏散、消防设施以及防爆、防雷、防静电等安全设施符合规定；储存区应与办公区、生活区分离。

⑥ 储存仓库应有明显的安全警示标志或警示语，储存现场应张贴安全管理制度和操作规程。

⑦ 严禁在烟花爆竹储存仓库内架设电气线路及设施。

⑧ 储存仓库周边安全防护距离应符合规定，并有相应的防火隔离措施。

3．销售的消防安全

① 烟花爆竹零售网点不得经营其他易燃易爆商品。

② 专库储存，专柜销售。

③ 配备符合规定的消防设备和器材。

④ 零售场所应设置 1 名以上的专、兼职安全监督管理人员。

⑤ 零售点要有明显的安全警示标志或警示语，并张贴安全管理制度和操作规程。

4．燃放的消防安全

① 大型群众集会活动的烟花爆竹燃放，必须制定专项的燃放方案，经过消防机构审批才准燃放。

② 不得在医院、敬老院、疗养院、教学场所、科研场所、学生宿舍等公共场所和工厂、仓库、建筑工地、草堆、加油站、加气站、电线下及其他重要设施附近燃放烟花爆竹，也不能在窗口、阳台及室内燃放。禁止在当地人民政府规定禁止燃放烟花爆竹的场所和禁止时段进行燃放。

③ 燃放前，必须仔细阅读燃放说明，按说明方法燃放。

④ 燃放升空的烟花爆竹要注意其落地情况，如落在可燃物上，并仍有余火，应立即采取措施，将余火扑灭或将残片移走。

⑤ 节假日，工厂企业、高层建筑等场地要关闭门窗，以防外来烟花爆竹窜入。堆置在阳台、屋顶、露天的可燃物应移往安全地带或加以遮盖和保护。

⑥ 不要让小孩燃放高空烟花等危险品种，阻止他们从烟花爆竹中取出火药改做玩具。小孩燃放烟花爆竹时，应有大人在一旁看管指导。

⑦ 禁止携带烟花爆竹乘坐公共交通工具。

⑧ 买回家的烟花爆竹要放在安全地点，不要靠近灯火源、热源、电源，并要防止鼠咬，以防自行燃烧、爆炸。

⑨ 观赏烟花爆竹的燃放，必须保持安全距离，视其分级情况，最少不能小于 5m，C 级烟花应在 20m，B 级在 50m 以上。当燃放烟花出现熄火现象，燃放失败时不要伸头察看，禁

止再次点燃引线。点引线时要注意身体任何部位必须离开筒口，侧身点燃引线，并迅速离开到安全距离外。

【案例 2】烟花爆炸事故

2010 年 8 月 16 日 9 时 47 分，黑龙江省伊春市华利实业有限公司发生特大烟花爆竹爆炸事故，礼花弹生产过程中，操作工人在进行礼花弹合球挤压、敲实礼花弹球体时，操作不慎引发爆炸，随后引起装药间和两个中转间的开包药、效果件和半成品爆炸，爆炸冲击波、抛射物体、燃烧星体引起厂区其他部位陆续发生 9 次爆炸，并引起相邻泰桦公司等木制品着火。事故造成 34 人死亡，3 人失踪，152 人受伤，其中 26 人受重伤，直接经济损失 6818.40 万元。

【思考与练习】

1．什么是烟花爆竹？

2．简述烟花爆竹燃放的消防安全要求。

3．烟花爆竹装卸作业中，为什么只许单件搬运，不得碰撞、拖拉、摩擦、翻滚和剧烈振动？

4．根据表 3-18 所列内容，论述礼花弹的危险特性及其消防安全措施。

表 3-18　几种常见的烟花爆竹

危险化学品			理化特性	主要危险特性	灭火剂
名称	别称	编号 GB/CN			
礼花弹	烟火 花炮	0335 13056	以易燃物和氧化剂为原料混合配制，能引起爆炸，燃烧时间较长，温度较高，其发火点通常在 250℃以上，对火焰及机械作用很敏感	遇高温（50℃以上）、明火、振动、撞击，均有引起燃烧爆炸的危险	雾状水、泡沫，禁用沙土压盖
焰火	烟花	0336 14055	各种形状花色纸盒，内有炸药及彩色药剂，引燃后有强烈的火光及各种颜色的火花	遇高温、明火、振动、电能、撞击，均有引起燃烧爆炸的危险	雾状水、泡沫
爆竹	炮仗	0337 14055	各种形式的圆筒纸包，内有火药，引火燃烧即发生爆鸣，或者利用拉力、摔甩、撞击等使其发生爆鸣	引火燃烧即发生爆鸣，或者利用拉力、摔甩、撞击、振动，均有引起燃烧爆炸的危险	雾状水、泡沫

第五节　气　　体

【学习目标】

1．了解气体的概念和一般特性。

2．熟悉气体的分类和编号。

3．掌握气体的危险特性和安全管理措施。

一、气体的概念

气体是指在 50℃时，蒸气压力大于 300kPa 的物质，或 20℃时在 101.3kPa 标准压力下完全是气态的物质。气体包括压缩气体、液化气体、溶解气体和冷冻液化气体、一种或多种气体与一种或多种其他类别物质的蒸气混合物、充有气体的物品和气雾剂。

压缩气体是指在-50℃下加压包装、供运输时完全是气态的气体，包括临界温度小于或等于-50℃的所有气体；液化气体是指在温度大于-50℃下加压包装、供运输时部分是液态的气体，可分为高压液化气体（临界温度在-50～65℃之间的气体）和低压液化气体（临界温度大于65℃的气体）；溶解气体是指加压包装、供运输时溶解于液相溶剂中的气体；冷冻液化气体是指包装、供运输时由于其温度低而部分呈液态的气体。

为了便于储运和使用，常将气体用加压降温的方法压缩或液化后储存于气瓶内。由于性质的不同，有的气体较难液化，如氖气（Ne）、氢气（H_2）、氮气（N_2）、氧气（O_2）等，在室温下，无论施加多大的压力也不会液化，必须在加压的同时使温度降低至一定数值才能液化。这一温度称为气体的临界温度，即加压后使气体液化所允许的最高温度，而在临界温度时，使气体液化所需要的最低压力称为临界压力，部分气体的临界温度和临界压力见表3-19。临界温度越低，气体越难液化，反之，临界温度较高的气体则较易液化。在室温下，单纯加压就能使它呈液态，例如氯气（Cl_2）、氨气（NH_3）、二氧化碳（CO_2）等。此外，有的气体还采用加压溶解的方式储存，如乙炔（C_2H_2）。

表3-19 部分气体的临界温度和临界压力

物质名称	临界温度/℃	临界压力/kPa	物质名称	临界温度/℃	临界压力/kPa
氦气	-267.9	233.05	乙烯	9.7	5137.18
氢气	-239.9	1296.96	二氧化碳	31.1	7325.79
氖气	-228.7	2624.32	乙烷	32.1	4944.66
氮气	-147.1	3394.39	氨气	132.4	11277.47
一氧化碳	-138.7	3505.85	氯气	144.0	7700.7
氧气	-118.8	5035.85	二氧化硫	157.2	7872.95
甲烷	-82.0	4640.69	三氧化硫	218.3	8491.04

二、气体的分类

（一）根据危险性质分类

在《危险货物分类和品名编号》（GB 6944—2012）中，气体根据其危险性质分为3类。

1．易燃气体

本类气体包括在20℃和101.3kPa条件下爆炸下限小于或等于13%（体积分数）的气体，或者不论爆燃性下限如何，其爆炸极限（燃烧范围）大于或等于12%（体积分数）的气体。如压缩或液化的氢气、乙炔、一氧化碳、甲烷、环丙烯、环氧乙烷、四氢化硅、液化石油气等。

2．非易燃无毒气体

本类气体包括窒息性气体、氧化性气体以及不属于其他类别的气体，但不包括在温度20℃时的压力低于200kPa、并且未经液化或冷冻液化的气体。

① 窒息性气体——会稀释或取代空气中氧气的气体，如二氧化碳、氮气。

② 氧化性气体——通过提供氧气比空气更能引起或促进其他材料燃烧的气体，如压缩空气和氧气。

③ 不属于其他项别的气体，如氦气、氩气等稀有气体。

值得注意的是，此类气体虽然不燃、无毒，但由于处于压力状态下，仍具有潜在的爆裂危险。其中氧气和压缩空气等还具有强氧化性，属气体氧化剂或氧化性气体，逸漏时遇可燃物或含碳物质也会着火或使火灾扩大，所以此类气体的危险性是不可忽视的。

3．毒性气体

毒性气体包括已知对人类具有的毒性或腐蚀性强到对健康造成危害的气体，或急性半数致死浓度 LC_{50}（使雌雄青年大白鼠连续吸入 1h，最可能引起受试动物在 14d 内死亡一半的气体的浓度）值小于或等于 5000mL/m^3，因而推定对人类具有毒性或腐蚀性的气体。如氟气、氯气等有毒氧化性气体，氨气、磷化氢、砷化氢、煤气、无水溴化氢、氮甲烷、溴甲烷等有毒易燃气体均属于此类。

当气体或气体混合物具有两个类别以上危险性时，其危险性先后顺序为第 3 类优先于其他类，第 1 类优先于第 2 类。

（二）按爆炸浓度下限分类

1．一级易燃气体

此类气体是指爆炸浓度下限低于 10%的易燃气体，氢气、甲烷、乙炔、硫化氢、天然气、水煤气等绝大多数易燃气体均属于此类。

2．二级易燃气体

此类气体是指爆炸浓度下限大于等于 10%的易燃气体，氨气、一氧化碳和发生炉煤气等少数易燃气体属于此类。

三、气体的主要危险特性

【演示实验 3】

在 100mL 注射器内注入 20mL 打火机气体（丁烷），推动注射器活塞，观察丁烷气体加压液化现象；释放注射器活塞，观察液化丁烷气减压气化现象。将 10mL 和 15mL 丁烷气分别在 500mL 塑料瓶中与空气充分混合，用电子点火器打火，观察对比实验现象，理解并掌握气体爆炸极限的概念。将 10mL 丁烷气在 500mL 塑料瓶中分别与空气和氧气充分混合，用电子点火器打火，观察对比实验现象，理解并掌握氧气浓度对气体爆炸极限的影响。

（一）易燃易爆性

易燃气体的主要危险性是易燃易爆性，所有处于爆炸浓度范围内的易燃气体遇点火源都能发生燃烧爆炸。燃烧爆炸的难易程度取决于易燃气体的化学组成，它决定着易燃气体的爆炸浓度范围的大小、燃点的高低、燃烧速度的快慢、点火能量的大小和燃烧温度的高低等。爆炸浓度下限低、爆炸极限范围广的易燃气体，燃烧爆炸危险性就大；燃点低的易燃气体容易被点燃；点火能量越小的易燃气体，燃烧爆炸危险性就越大；易燃气体燃烧温度越高，辐射热就越强，越易引起周围可燃物燃烧，促使火势迅速蔓延扩展。一些易燃气体的最小点火能量见表 3-20。

表 3-20 一些易燃气体在空气中的最小点火能量 （单位：mJ）

易燃气体	最小点火能量	易燃气体	最小点火能量
甲烷	0.28	丙炔	0.152
乙烷	0.25	1，3-丁二烯	0.013
丙烷	0.26	丙烯	0.28
戊烷	0.51	环氧丙烷	0.19
乙炔	0.019	环丙烷	0.17
乙烯基乙炔	0.082	氢	0.019
乙烯	0.096	硫化氢	0.068
正丁烷	0.25	环氧乙烷	0.087
异戊烷	0.70	无水氨	1000（不着火）

综合易燃气体的燃烧现象，其易燃易爆性具有以下 3 个特点：

① 比液体、固体易燃，且燃烧速度快。

② 一般规律是简单组分的气体比复杂组分的气体易燃，燃烧速度快，火焰温度高，着火危险性大。如 H_2 比 CH_4、CO 等组成复杂的易燃气体易燃，且爆炸浓度范围大，这是因为单一组分的气体不需受热分解的过程和分解所消耗的热量。简单组分的气体和复杂组分气体的火灾危险性见表 3-21。

表 3-21 简单组分气体和复杂组分气体火灾危险性比较

气体名称	化学组成	最大直线燃烧速度/（cm/s）	最高火焰温度/℃	爆炸浓度范围（%，体积分数）
氢气	H_2	210	2130	4.1～74.2
一氧化碳	CO	39	1680	12.5～74
甲烷	CH_4	33.8	1800	5.3～15

③ 价键不饱和的易燃气体比饱和的气体火灾危险性大。

（二）受热胀缩性

气体受热时，体积就会膨胀。在容器体积不变时，温度与压力成正比。受热温度越高，形成的压力就越大。盛装压缩或液化气体的容器当受到高温、日晒、剧烈震动等作用时，气体就会急剧膨胀而产生比原来更大的压力。当压力超过了容器的耐压极限，就会引起容器爆炸，以致气体逸出，当遇到明火或爆裂时产生的静电火花，就会造成火灾或爆炸事故。其特点如下：

（1）当压力不变时，气体的温度与体积成正比 气体温度越高，体积越大。通常气体的相对密度随温度的升高而减小，体积随温度的升高而增大。如压力不变时，液态丙烷 60℃时的体积比 10℃时的体积膨胀了 20%还多，其体积与温度的关系见表 3-22。

表 3-22 液态丙烷体积与温度的关系

温度/℃	-20	0	10	15	20	30	40	50	60
相对密度	0.56	0.53	0.571	0.509	0.5	0.486	0.47	0.45	0.43
体积（%）	91.4	96.2	98.7	100	101	104.9	109.1	113.8	119.3

（2）体积不变时，气体的温度与压力成正比　气体的温度越高，压力越大。这就是说，当储存在固定容器内的气体被加热时，温度越高，其膨胀后形成的压力就越大。如果盛装压缩或液化气体的容器（气瓶）在储运过程中受到高温、暴晒等热源作用时，容器、气瓶内的气体就会急剧膨胀，产生比原来更大的压力，导致压力伤亡事故。因此，在储存、运输和使用压缩气体和液化气体的过程中，一定要注意防火、防晒、隔热。在向容器、气瓶内充装时，要注意极限温度和压力，严格控制充装量，防止超装、超温、超压。表 3-23 列出了液化石油气各组分在不同温度下的饱和蒸气压，可从中看出温度对压力的影响。

表 3-23　液化石油气各组分在不同温度下的饱和蒸气压　（单位：MPa）

温度/℃	丙烷	丙烯	正丁烷	异丁烷	正丁烯	异丁烯	25%丁烷 75%丙烷（体积分数）	50%丁烷 50%丙烷（体积分数）	75%丁烷 25%丙烷（体积分数）
-50	0.08	0.09	0.010	0.017	0.009	—	0.062	0.045	0.027
-40	0.12	0.14	0.018	0.027	0.017	—	0.094	0.069	0.043
-30	0.18	0.20	0.028	0.044	0.027	0.044	0.142	0.104	0.066
-20	0.27	0.30	0.045	0.069	0.041	0.069	0.213	0.157	0.101
-10	0.37	0.41	0.068	0.102	0.064	0.102	0.296	0.219	0.143
0	0.47	0.59	0.103	0.106	0.130	0.160	0.384	0.288	0.192
10	0.64	0.76	0.150	0.230	0.140	0.230	0.517	0.395	0.272
20	0.80	0.98	0.200	0.295	0.250	0.320	0.690	0.530	0.370
30	1.10	1.33	0.290	0.420	0.270	0.420	0.900	0.695	0.492
40	1.43	1.70	0.390	0.550	0.360	—	0.170	0.910	0.650
50	1.80	2.10	0.510	0.710	0.480	0.710	1.475	1.155	0.832

（三）扩散性

在气体内部，当分子密度不均匀时，就会出现气体分子从密度大的地方移向密度小的地方，这种现象叫扩散。

气体的扩散性与气体相对密度有关，其特点是：

① 比空气轻的易燃气体在空气中可以无限制地扩散，容易与空气形成爆炸性混合物，而且能随风飘移，致使易燃气体发生燃烧爆炸并蔓延扩展。

② 比空气重的易燃气体泄漏出来，往往沉积于地表、沟渠、厂房等死角，长时间聚集不散，容易遇火源而发生燃烧、爆炸（或自燃）。而且，密度大的易燃气体，往往都具有较大的热值，着火后易造成火势扩大。常见易燃气体的相对密度与扩散系数的关系见表 3-24。

表 3-24　常见易燃气体的相对密度与扩散系数的关系

气体名称	扩散系数/（cm^2/s）	相对密度
氢	0.634	0.07
乙炔	0.194	0.91
甲烷	0.196	0.55
氨	0.198	0.60
乙烯	0.130	0.98
甲醚	0.118	1.62
液化石油气	0.121	1.56

掌握易燃气体的相对密度及其扩散性，不仅对评价其火灾危险性的大小，而且对选择通风口的位置、确定防火间距以及采取防止火势蔓延的措施都具有实际意义。

（四）带电性

静电产生的原理说明，任何物质的摩擦都会产生静电。压缩气体或液化气体如氢气、乙炔、乙烯、天然气、煤气、液化石油气等，当从容器、管道口或破损处高速喷出时就能产生静电。其主要原因是气体和气体中含有的固体或液体杂质，在高速喷出时与容器或管道壁发生剧烈的摩擦所致。影响其静电电荷的因素主要有：

（1）杂质　气体中所含的液体或固体杂质越多，产生的静电荷也越多。

（2）流速　气体的流速越快，产生的静电荷也越多。

据实验，液化石油气喷出时产生的静电电压可达 9000V，其放电火花足以引起燃烧。因此，压力容器内的可燃压缩或液化气体在容器、管道破损时，或放空时速度过快，都容易产生静电，引起火灾或爆炸事故。

带电性是评定易燃气体火灾危险性的参数之一，掌握了易燃气体的带电性，可据此采取设备接地、控制流速等相应的防范措施。

（五）氧化性

氧化性也就是常说的助燃性，通常可燃物只有和氧化性物质作用，遇到点火源时才能发生燃烧，所以氧化性气体是燃烧得以发生的重要因素之一。氧化性气体主要包括两类：一类是明确列为不燃气体的，如 O_2、N_2O、压缩或液化空气等；另一类是列为有毒气体的，如 F_2、Cl_2、BrCl、N_2O_4、N_2O_3、NO 等。这些气体本身不可燃，但氧化性很强，都是强氧化剂，与易燃气体混合时都能着火或爆炸。如 Cl_2 与 C_2H_2 接触即可爆炸，Cl_2 与 H_2 混合见光可爆炸，F_2 与 H_2 在黑暗中也可爆炸，油脂接触到 O_2 能自燃等。因此，在实施消防安全管理时不可忽视这些气体的氧化性，尤其是被列为有毒气体管理的 F_2 和 Cl_2 等，除了应注意其毒害性外，也应注意其氧化性，在储存、运输和使用时必须与易燃气体分开。

（六）腐蚀性、毒害性和窒息性

1. 腐蚀性

具有腐蚀性的气体主要是一些含氢、硫元素的易燃气体，如 H_2、H_2S、NH_3 等，都具有腐蚀性，在生产、储运过程中，都能腐蚀设备、削弱设备的耐压强度，严重时可导致设备系统产生裂隙、漏气，引起火灾或爆炸事故。目前危险性最大的是 H_2，H_2 在高压下能渗透到碳素中去，使设备变疏，耐压强度减弱。因此，对盛装这类气体的容器，要采取一定的防腐措施，如用高压合金钢并含铬、钼等一定量的稀有金属制造，定期检验其耐压强度等。

2. 毒害性

压缩气体和液化气体，除 O_2 和压缩空气外，大都具有毒性。《危险货物品名表》（GB 12268—2012）列入管理的剧毒气体中，毒性最大的是 HCN，当其在空气中的浓度达到 300mg/m^3 时，能使人立即死亡；达到 200mg/m^3 时，10min 后死亡；达到 100mg/m^3 时，一般在 1h 后死亡。HCN、H_2S、NH_3、二甲胺、溴甲烷、三氟氯乙烯等气体，除具有相当的毒性外，还具有一定的燃烧爆炸性，切忌只看到有毒气体的标志而忽视了它们的火灾危险性。表 3-25、表 3-26 列出了一些有毒气体的火灾危险性及一些易燃气体的毒害性，在处理或扑救此类有毒易燃气体火灾时，应特别注意防止中毒。

表 3-25　一些有毒气体的火灾危险性

物品名称	闪点/℃	自燃点/℃	爆炸极限（%，体积分数）
无水氨	—	651	15.7～27.4
磷化氢	—	100	2.12～15.3
氰化氢	−17.78	537.78	5.60～40.0
溴甲烷	—	536	8.60～20.0
氯甲烷	0	632	8.00～20.0
煤气	—	648.89	4.5～40.0
水煤气	—	600	6.0～70.0
砷化氢	—	—	3.9～77.8
氰甲烷	5.56	525	4.4～16
羰基碳	—	—	11.9～28.5

表 3-26　一些易燃气体的毒害性

气体名称	容许浓度/（mg/m^3）	短期暴露时对健康的相对危害	超过容许浓度时吸入对人体的主要影响
磷化氢	0.4	中毒	剧毒
硫化氢	15	中毒	—
氰化氢	1S	中毒	吸入或渗入皮肤，剧毒
氯乙烯	1300S	麻醉中毒	—
氯甲烷	210C	中毒	慢性中毒
一氧化碳	55T	中毒	化学窒息
无水氨	35	刺激	—
环氧乙烷	90	刺激中毒	—
液化石油气	1800	麻醉	—
甲醛	3	刺激	皮肤、呼吸道过敏

注：C 表示容许浓度的上限值；S 表示该物质可由皮肤、黏膜和眼睛侵入；T 表示是试验值。

3．窒息性

除 O_2 和压缩空气外，其他压缩气体和液化气体都具有窒息性。一般地，压缩气体和液化气体的易燃易爆性和毒害性易引起人们的注意，而对其窒息性往往容易被忽视，尤其是那些不燃无毒的气体，如 N_2、CO_2 及氦、氖、氩、氪等惰性气体，虽然它们不燃也无毒，但都必须盛装在容器之内，并有一定的压力。如 N_2、CO_2 气瓶的工作压力均可达 15MPa，设计压力有的可达 20～35MPa。这些气体一旦大量泄漏于房间或大型设备及装置内，均会使现场人员窒息死亡。

四、气体的安全管理

（1）选址要求 有毒或易燃易爆气体的仓库必须选择在人烟稀少的空旷地带，与周围居民住宅及工厂企业等建筑物必须有一定的安全距离，达到国家有关建设规划要求。

（2）安全设施要求 库房应为单层建筑，须装避雷针，照明灯具须防爆，库房要通风散热（15～30℃）、禁火防晒、防雨防潮、防腐蚀。库区功能规划合理，消防通道畅通，消防水源、消防灭火设施器材齐全达标。

（3）安全制度完善 管理人员须执证上岗；值班、交接班、安全巡查等必须完善，落实到位。

（4）气瓶包装要求 气瓶质量应质检合格达标，名称、漆色及标志、标签、安全帽、安全胶圈齐备完好，气瓶上的钢印在有效期内。

（5）气瓶堆放要求 气瓶应直立、堆放整齐、有框架或栅栏稳固，留有通道，便于搬运；氧化性气体如氧气、氯气禁止与化学性质相抵触的油脂、氢气、乙炔、氨气等同库混放。

（6）气瓶运输要求 运输剧毒或易燃易爆气瓶的驾驶员必须执证上岗；须按公安部门批准的行车时间和路线运输；禁止化学性质相抵触的化学危险物品混装混运；车辆性能可靠，标志明显，气瓶平放方向一致，装车稳固（如用防护栏板或三角木垫固定，防止滚动）；控制车速，避免颠簸振动；途中禁止乱停乱放，车站上禁止长时间停放。

（7）搬运要求 装卸时必须轻装轻卸，严禁碰撞、抛掷、溜坡或横倒在地上滚动等，不可将瓶阀对准人身，注意防止气瓶安全帽脱落；装卸氧气瓶时，工作服和卸装工具不得沾有油污。易燃气体严禁接触火源。操作人员不准穿带铁钉的鞋和携带火柴、打火机等进入装卸现场，禁止吸烟。

【案例3】液化石油气火灾事故

2016年4月16日22时52分，广西防城港市港口区牛角沙路广西渝桂化工有限公司在工艺检修期间，在异辛烷生产装置工段，连接180m^{3}的B号反应器罐体与100mm的进料管道的法兰盘间发生物料泄漏，维修人员在检修过程中违反操作规程，现场的照明线插头与插座产生火花，将泄漏的液化石油气、硫酸、异辛烷混合物引燃引发火灾。相隔不足百米的中油能源有限公司罐区2个20000m^{3}的全冷冻式低温丙烷罐受到火势威胁，一旦处置不当就会引发爆炸，极易波及和引爆全部冷冻式低温丙烷罐，同时会引发中油能源有限公司，甚至整个渔澫半岛的8个石化企业和港口危险化学品堆场、仓库发生连锁爆炸，对渔澫半岛造成毁灭性破坏。

【思考与练习】

1．气体可如何分类？
2．气体的主要危险特性有哪些？
3．氧气瓶禁止接触油脂的原因是什么？
4．如果发现有人在气体储存间倒下，应该怎么做？
5．根据表3-27所列内容，说明气体的安全管理有哪些要求？

表 3-27　几种典型的气体

危险化学品				理化特性				危险特性		灭火剂
名称	别称	化学式	编号 GB/CN	性状	闪点/℃	自燃点/℃	爆炸极限（%，体积分数）	主要	次要	
氢	氢气	H_2	1049 21001	无色无臭气体	—	400	4.1～74.2	燃烧爆炸	—	雾状水、二氧化碳、干粉
硫化氢	—	H_2S	1053 21006	无色有恶臭的气体	—	260	4～44	燃烧爆炸	—	雾状水、泡沫、沙土
乙炔	电石气	C_2H_2	1001 21024	无色无臭气体	-17.8	305	2.5～82	燃烧爆炸	—	雾状水、二氧化碳、干粉
无水氨	液氨	NH_3	1005 23003	无色有刺激性恶臭的气体	—	651	15.7～27.4	危及人畜健康与生命	燃烧爆炸	雾状水
无水氯化氢	—	HCl	1050 22022	无色有刺激性气味的气体	—	—	5～33	遇水有强烈的腐蚀性，与活泼金属反应放出氢气	遇氰化物能产生剧毒的氰化氢气体	大量雾状水
氯	液氯	Cl_2	1017 23002	黄绿色有刺激性气味的气体	—	—	11～94.5	有毒性、燃烧爆炸	助燃性	雾状水
二氧化碳	干冰	CO_2	1013 22019	无色无臭气体	—	—	—	压力过大有爆炸性	—	—
氯化氰	氯甲氰	CNCl	1589 23027	无色液体或气体	—	—	—	剧毒，受热后瓶内压力过大有爆炸危险	—	沙土、二氧化碳，不可用水
光气	碳酰氯	$COCl_2$	1076 23038	无色（黄色）有特殊性的气味	—	—	—	剧毒，泄露后可致附近人畜生命危险，甚至死亡	—	雾状水、二氧化碳
乙烯	—	C_2H_4	1038 21016	无色略有烃类特殊臭味	-136	490	2.7～36	易燃。遇火星、高温、助燃气体，有燃烧爆炸性	—	水、二氧化碳、干粉

第六节　易燃液体

【学习目标】

1．了解易燃液体的概念和一般特性。
2．熟悉易燃液体的分类和编号。
3．掌握易燃液体的危险特性和安全管理措施。

一、易燃液体的概念

根据《危险货物分类和品名编号》（GB 6944—2012），易燃液体包括易燃液体和液体退敏爆炸品。易燃液体是指易燃的液体或液体混合物，或是在溶液或悬浮液中有固体的液体，其闭杯试验闪点不高于60℃，或开杯试验闪点不高于65.6℃。易燃液体还包括在温度等于或高于其闪点的条件下提交运输的液体或以液态在高温条件下运输或提交运输，并在温度等于或低于最高运输温度下放出易燃蒸气的物质。

闪点是衡量易燃液体火灾危险性的一个重要参数，闪点越低，液体的火灾危险性越大。

二、易燃液体的分类

在《建筑设计防火规范》（GB 50016—2014）中，根据闪点的高低和在生产、储存中的火灾危险性大小，易燃液体可分为3类。

① 甲类，即闪点<28℃的液体。

② 乙类，即闪点为28～60℃的液体。

③ 丙类，即闪点≥60℃的液体。

三、易燃液体的主要危险特性

【演示实验4】

将9个25mL的坩埚摆放成一列，坩埚边缘保持5cm的间距。在1#～5#坩埚内分别注入常温的汽油20mL，在6#～9#坩埚内分别注入预先加热到40℃的汽油20mL，然后点燃5#坩埚的汽油，观察不同的坩埚被引燃的情况和燃烧速度情况，理解并掌握温度对易燃液体蒸发燃烧的影响。

（一）高度易燃性

易燃液体具有高度的易燃性，其原因主要是：

① 易燃液体几乎全部是有机化合物，分子中主要含有碳原子和氢原子，易和氧气发生燃烧反应。

② 由于易燃液体的闪点低，其燃点也低（燃点一般约高于闪点1～5℃）。

③ 易燃液体的沸点都很低，故十分易于挥发出易燃蒸气。

④ 易燃液体着火所需的能量极小，因此接触火源极易着火而持续燃烧。多数易燃液体被引燃只需要0.5mJ左右的能量，如CS_2的闪点为-30℃，最小点火能量为0.015mJ；甲醇的闪点为11℃，最小点火能量为0.215mJ。几种常见易燃液体的最小点火能量见表3-28。

表3-28 几种常见易燃液体的最小点火能量

液体名称	最小点火能量/mJ	液体名称	最小点火能量/mJ
2-戊烯	0.51	乙酸甲酯	0.40
1-庚烯	0.56	甲醇	0.215
正戊烷	0.28	异丙硫醇	0.53
庚烷	0.70	异丙醇	0.65
汽油	0.1～0.2	丙烯醛	0.137
甲醚	0.33	乙醛	0.376
乙醚	0.19	丙醛	0.325
环己烷	0.22	环戊烷	0.54
二硫化碳	0.015	苯	0.55

易燃液体挥发性大，当盛放易燃液体的容器有破损或不密封时，挥发出来的易燃蒸气扩

散到存放或运载该物品的库房或车箱的整个空间，与空气混合，当浓度达到爆炸极限时，遇明火或火花即能引起爆炸。易燃液体的挥发性越强，这种爆炸危险性就越大。同时，这些易燃蒸气可以任意飘散，或在低洼处聚集，使得易燃液体的储存更具有火灾危险性。

（二）流动性

易燃液体的分子多为非极性分子，黏度一般都很小，不仅本身极易流动，还因渗透、浸润及毛细现象等作用，即使容器只有极细微的裂纹，易燃液体也会渗出到容器壁外，扩大其表面积，并源源不断地挥发，使空气中的易燃蒸气浓度增高，从而增加燃烧爆炸的危险性。如在火场上储罐（容器）一旦爆裂，液体会四处流淌，造成火势蔓延，扩大燃烧面积，给扑救工作带来困难。所以，为了防止液体泄漏、流散，应在储存场所备置事故槽（罐）、构筑防火堤、设置水封井等；液体着火时，应设法堵截流散的液体，防止火势扩大蔓延。

液体流动性的强弱可用黏度来衡量，单位为mPa·s。液体的黏度越小，其流动性越强，反之则越弱。黏度大的液体随着温度升高而流动性增强，即液体的温度升高，其黏度减小，流动性增强，火灾危险性增大。一些常见易燃液体在20℃时的黏度见表3-29。

表3-29　一些常见易燃液体在20℃时的黏度

液体名称	黏度/mPa·s	液体名称	黏度/mPa·s	液体名称	黏度/mPa·s
甲醇	0.584	乙酸	1.220	戊烷	0.229
乙醇	1.190	丙酸	1.100	甘油	149.900
丙醇	2.200	丁酸	2.360	松节油	1.460
乙醚	0.234	苯	0.650	乙酸乙酯	0.449
乙醛	0.222	甲苯	0.586	乙酸丙酯	0.580
丙酮	0.322	乙苯	0.670	乙二醇	19.900
甲酸	1.780	二甲苯	0.61～0.81	蓖麻油	98.600

（三）受热膨胀性

易燃液体的膨胀系数比较大，受热后体积容易膨胀，同时其蒸气压也随之升高，从而使密封容器的内部压力增大，若超过了容器所能承受的压力限度，就会造成容器膨胀，以致爆裂。夏季盛装易燃液体的铁桶常出现“鼓桶”现象以及玻璃容器发生爆裂，就是由于受热膨胀所致。因此，易燃液体应避热存放，灌装时容器内应留有5%以上的空隙，不可灌满。夏天要储存于阴凉处或用喷淋冷水降温的方法加以防护。几种易燃液体的受热体积膨胀系数见表3-30。

表3-30　几种易燃液体的受热体积膨胀系数

液体名称	体积膨胀系数β值	液体名称	体积膨胀系数β值
乙醚	0.00160	戊烷	0.00160
丙酮	0.00140	汽油	0.00120
苯	0.00120	煤油	0.00090
甲苯	0.00110	醋酸	0.00140
二甲苯	0.00085	氯仿	0.00140
甲醇	0.00140	硝基苯	0.00083
乙醇	0.00110	甘油	0.00050
二硫化碳	0.00120	苯酚	0.00089

（四）静电性

易燃液体在管道、储罐、槽车、油船的输送、灌装、摇晃、搅拌和高速流动过程中，由于摩擦产生静电，当所带的静电荷积聚到一定程度时，就会产生静电火花，有引起燃烧爆炸的危险性。因此生产、使用易燃液体的操作过程中都要做好防静电措施。

（五）与氧化剂和酸接触的危险性

易燃液体与氧化剂或有氧化性的酸类（特别是硝酸）接触，能发生剧烈反应而引起燃烧爆炸。这是因为易燃液体都是有机化合物，能与氧化剂发生氧化反应并产生大量的热，使温度升高到燃点引起燃烧爆炸。例如，乙醇与氧化剂高锰酸钾接触会发生燃烧，与氧化性酸（硝酸）接触也会发生燃烧；松节油遇硝酸立即燃烧。因此，易燃液体不得与氧化剂及有氧化性的酸类接触。

（六）毒害性

大多数易燃液体及其蒸气均有不同程度的毒性，有的还有刺激性和腐蚀性，其毒性的大小与其本身化学结构、挥发的快慢有关。不饱和碳氢化合物、芳香族化合物和易挥发的石油产品比饱和的碳氢化合物、不易挥发的石油产品的毒性要大。易燃液体对人体的毒害性主要表现在蒸气上，它能通过人体的呼吸道、消化道、皮肤 3 个途径进入人体内，造成中毒。中毒的程度与蒸气浓度、作用时间的长短有关，浓度小、时间短则轻，反之则重。例如，甲醇、苯、CS_2 等，不但吸入其蒸气会中毒，有的经皮肤吸收也会造成中毒事故。

掌握易燃液体的毒害性和腐蚀性，充分认识其危害，就应采取相应的防范措施，特别是在平时的消防安全检查中和火灾情况下应注意防止人员的灼伤和中毒。

四、易燃液体的安全管理

（1）选址要求　易燃液体库区必须选择在人烟稀少的空旷地带，与周围居民住宅及工厂企业等建筑物必须有一定的安全距离，达到国家有关建设规划的要求。

（2）安全设施要求　罐区必须装设避雷针，照明灯具必须防爆，库房要通风散热（15～30℃）、禁火防晒、防雨防潮。库区功能规划合理，消防通道畅通，消防水源、消防灭火设施齐全达标。

（3）安全制度完善　管理人员须执证上岗；出入库登记，以及值班、交接班、安全巡查等必须完善，落实到位。

（4）存储要求　储罐质量质检合格达标；安装牢固或便于搬运，罐距符合标准；不得超量储存，不得与氧化剂、酸碱盐类、易燃物、爆炸品等混杂存放。

（5）搬运要求　装卸和搬运爆炸品时，必须轻装轻卸，严禁拖拉、摩擦、撞击；禁止使用易发生火花的铁制工具作业；操作人员不准穿带铁钉的鞋和携带火柴、打火机等进入装卸现场，禁止吸烟。

（6）运输要求　驾驶员必须执证上岗；须按公安部门批准的行车时间和路线运输；热天最好在早晚进出库和运输；在运输、泵送、灌装时要有良好的接地装置，防止静电积聚；严禁用木船、水泥船散装易燃液体。

【案例 4】甲醇储罐爆炸事故

2016 年 8 月 14 日上午 10 时左右，内蒙古锡林郭勒盟大唐多伦煤化工有限公司甲醇罐区 $3800m^3$ 的 TK-54002A 储罐在泡沫管线改造作业过程中发生爆炸，罐顶因爆炸脱离罐体，罐内甲醇立即燃烧。与罐区相邻的储量分别为 $3800m^3$、$7600m^3$、$23500m^3$、$23500m^3$ 的 4 个甲醇储罐受火势严重威胁，一旦处置不当，相邻储罐燃烧爆炸，火势扩大，热辐射势必危及储罐区东、北两侧生产装置和西侧储量为 $19300m^3$ 的液化气体球罐区，对整个厂区造成毁灭性破坏。设法冷却降温受炽热烘烤的邻近罐是此事故处置的必要措施。

【思考与练习】

1. 什么是易燃液体？
2. 根据闪点的不同，易燃液体如何分类？
3. 易燃液体有哪些危险特性？
4. 根据表 3-31 所列内容，对易燃液体的安全管理有哪些要求？

表 3-31 几种典型的易燃液体

危险化学品				理化特性				危险特性		灭火剂
名称	别称	化学式	编号 GB/CN	性状	闪点/℃	自燃点/℃	爆炸极限（%）	主要	次要	
汽油	—	—	1203 31001	无色或淡黄色透明液体	−50	415～530	1.3～6.0	爆燃性	—	泡沫、干粉、二氧化碳、沙土、1211
甲苯	—	C_7H_8	1294 32052	无色透明液体	4.4	480	1.3～7.0	燃爆性，有麻醉作用	产生静电	泡沫、干粉、二氧化碳、沙土、1211
丙酮	阿西通	C_3H_6O	1090 31025	无色透明液体	−17.2	465	2.6～12.8	燃爆性	有毒性	抗溶性泡沫、干粉、二氧化碳、黄沙
二硫化碳	—	CS_2	1131 31050	淡黄色或无色透明液体，有刺激性气味	−30	90	1.3～50	燃爆性，有毒性	产生静电	水、二氧化碳、黄沙
乙酰氯	氯乙酰	C_2H_3OCl	1717 32119	无色发烟液体，有强烈气味	4.4	390	—	易燃，受热分解产生光气	遇水发热放出有毒烟雾	干粉、二氧化碳、沙土、1211
乙醇	酒精	C_2H_6O	1170 32061	无色液体，易挥发、有酒香	12.8	423	3.3～19	易燃，产生淡蓝色火焰	—	抗溶性泡沫、二氧化碳、1211、干粉
煤焦油	—	—	1136 32192	黑色黏稠液体，有特殊香味，有刺激性	—	—	—	可燃，有腐蚀性	—	泡沫、雾状水、沙土、二氧化碳
松节油	—	—	1299 33638	无色至淡黄色透明液体	35	253	下限 0.8	易形成爆炸性混合物	遇硝酸立即燃烧	泡沫、干粉、二氧化碳、1211
石脑油	溶剂油	—	1256 32004	黄色或淡黄色液体	33	—	—	遇热、明火、氧化剂会引起燃烧	易挥发	泡沫、二氧化碳、干粉、沙土
丙氰	乙基氰	C_2H_5CN	2404 32160	无色有醚类气味液体	2.2	—	下限 3.1	遇热、明火、氧化剂会引起燃烧	毒性大	泡沫、二氧化碳、沙土、1211

第七节　易燃固体、易于自燃的物质和遇水放出易燃气体的物质

【学习目标】

1．了解易燃固体、易于自燃的物质和遇水放出易燃气体的物质的概念、分类及其危险特性的影响因素。

2．熟悉典型的易燃固体、易于自燃的物质和遇水放出易燃气体的物质的理化特性和安全管理。

3．掌握易燃固体、易于自燃的物质和遇水放出易燃气体的物质的危险特性。

一、易燃固体

（一）易燃固体的概念

易燃固体是指燃点低，对热、撞击、摩擦敏感，易被外部火源点燃，燃烧迅速，并可能散发出有毒烟气的固体。易燃固体包括：易于燃烧的固体和摩擦可能起火的易燃固体；即使没有氧气（空气）存在，也容易发生激烈放热分解的自反应物质；能抑制爆炸性物质的爆炸性能，用水或酒精湿润爆炸性物质、或用其他物质稀释爆炸性物质后而形成的固态退敏爆炸品。

（二）易燃固体的分类

易燃固体按照燃点的高低、燃烧速度的快慢和毒性大小，可划分为一、二两级。

1．一级易燃固体

此类物质自燃点和燃点较低，燃烧速度快，本身或燃烧产物毒性大。如红磷及含磷化合物（三硫化磷等）；硝基化合物（二硝基甲苯、二硝基萘、H 发泡剂等）；含氮量<12.5%的硝化棉；退敏闪光粉等。

2．二级易燃固体

此类物质与一级易燃固体相比，燃烧性能较弱，燃烧速度较慢，本身或燃烧产物毒性较小，如赛璐珞、镁条、铝粉、萘、硫黄、生松香等。

在生产、储存和使用中，将一级易燃固体划为甲类火灾危险，二级易燃固体划为乙类火灾危险。对燃点在 300℃以上的一般性可燃固体，如棉、麻、木材、稻草等天然纤维，锦纶、涤纶、腈纶等合成纤维及其制品，聚乙烯、聚丙烯、聚氯乙烯等合成树脂及其制品，小麦、大豆等谷物及其制品，天然橡胶、合成橡胶及其制品等，因这些可燃固体是生产、生活中常用的物品，种类多、数量大，一旦发生火灾，会造成严重损失，对它们则按丙类火灾危险性进行安全管理。

（三）易燃固体的主要危险特性

【演示实验 5】

将硫粉加入到燃烧匙中，然后放到酒精灯的外焰上加热，待硫黄熔化并开始燃烧时迅速将燃烧匙伸入具有盖玻片的广口瓶中，可以看到有淡蓝色火焰。这是由于硫在空气中燃烧产生淡蓝色火焰，生成了有刺激性气味的有毒气体二氧化硫。

$$S+O_2 = SO_2$$

硫属于二级易燃固体，燃烧性较弱，燃烧速度较慢，硫本身或者燃烧产物二氧化硫毒性较小。在生产、储存和使用中，将硫划为乙类火灾危险。

易燃固体不仅具有燃烧性，而且往往具有不同程度的毒性、腐蚀性及爆炸性等。

1．燃点低、易点燃

易燃固体的着火点都比较低，一般都在 300℃以下，在常温下只要有很小能量的点火源与之作用即能引起燃烧。如镁粉、铝粉只要 20mJ 的点火能即可点燃；硫黄、生松香则只需 15mJ 的点火能即可点燃。有些易燃固体当受到摩擦、撞击等外力作用时也能引发燃烧。所以，易燃固体在储存、运输、装卸过程中，应当注意轻拿轻放，避免摩擦、撞击等外力作用。

2．遇酸、氧化剂易燃易爆

绝大多数易燃固体遇无机酸类腐蚀性物质、氧化性物质等能够立即引起着火或爆炸。萘与发烟硫酸接触反应非常剧烈，甚至引起爆炸；红磷与氯酸钾、硫黄与氧化钠或氯酸钾相遇，稍经摩擦或撞击，都会引起着火或爆炸。所以，绝对不允许易燃固体和氧化剂、酸类混储混运。

3．遇湿易燃

硫的磷化物类，不仅具有遇火受热易燃性，而且还具有遇湿易燃性。如五硫化二磷、三硫化四磷等，遇水能产生具有腐蚀性和毒性的易燃气体硫化氢。所以，对此类物品还应注意防水、防潮，着火时不可用水扑救。

4．易自燃

易燃固体中的赛璐珞、硝化棉及其制品在积热不散的条件下都容易自燃起火。因此，这类易燃固体在储存和水上远航运输时，一定要注意通风、降温、防潮，堆垛不可过大、过高，必须加强管理，防止自燃造成火灾。

5．本身或燃烧产物有毒

很多易燃固体本身具有毒害性或燃烧后能产生有毒气体。如硫黄、三硫化四磷等不仅与皮肤接触（特别是在夏季有汗的情况下）能引起中毒，而且粉尘吸入后也能引起中毒；硝基化合物、硝化棉及其制品，重氮氨基苯等易燃固体，由于本身含有硝基（$—NO_2$）、亚硝基（—NO）、重氮基（—N＝N—）等不稳定的基团，在快速燃烧的条件下，还有可能转为爆炸，燃烧时也会产生大量的 CO、HCN、氮氧化合物等有毒气体，故应特别注意预防中毒。

（四）影响易燃固体危险性的因素

易燃固体的危险性除与其本身的化学组成和分子结构有关外，还与下列因素有关。

1．比表面积

同样的固体物质，比表面积（单位体积的表面积）越大，其火灾危险就越大，反之则越小。这是因为固体物质的燃烧，首先是从物质的表面开始的，而后逐渐深入到物质的内部，所以物质的比表面积越大，和空气中氧气的接触面积越大，氧化作用就越容易，燃烧速度也就越快。一块 $1cm^3$ 的木头，若将其分为边长为 0.01mm 的立方体颗粒，其表面积就会从原来的 $6cm^2$ 增大为 $6000cm^2$。粉状物比块状物易燃，松散物比堆捆物易燃，就是由于增大了与空气中氧气接触面积的缘故。如松木片的燃点为 238℃，而松木粉的燃点为 96℃；赛璐珞板片的燃点是 150～180℃，而赛璐珞粉的燃点为 130～140℃。

2．热分解温度

某些易燃固体受热后不熔融，而是发生分解现象，因此其火灾危险性取决于热分解温度的高低，如硝化纤维及其制品、硝基化合物、硝酸铵、某些合成树脂和棉花等易燃固体物质。一般规律是：热分解温度越低，燃烧速度越快，火灾危险性就越大，反之则越小。一些易燃固体的热分解温度与燃点的关系见表 3-32。

表 3-32 一些易燃固体的热分解温度与燃点的关系

固体名称	热分解温度/℃	燃点/℃
硝化棉	40	180
赛璐珞	90～100	150～180
麻	107	150～200
棉	120	200
蚕丝	235	250～300

3．含水率

固体的含水率不同，其燃烧性能也不同。如硝化棉含水率在 35%（质量分数）以上时，就比较稳定，若含水率在 20%时就有着火危险，稍经摩擦、撞击或遇明火作用，都易引起着火。又如，在危险化学品的管理中，干的或未浸湿的二硝基苯酚，有很大的爆炸危险性，所以列为爆炸品管理；但含水率达 15%以上时，就主要表现为着火而不易发生爆炸，故对此类列为易燃固体管理。若二硝基苯酚完全溶解在水中，其燃烧性能大大降低，主要表现为毒害性，所以将这样的二硝基苯酚列为毒性物质管理。

二、易于自燃的物质

（一）易于自燃的物质的概念

易于自燃的物质是指自燃点低，在空气中易发生氧化反应，放出热量而自行燃烧的物质，包括发火物质和自热物质。发火物质是指即使只有少量与空气接触，在不到 5min 时间便燃烧的物质，包括混合物和溶液（液体或固态）；自热物质是指发火物质以外的与空气接触能自己发热的物质。

（二）易于自燃的物质的分类

按自燃的难易程度及危险性大小，易于自燃的物质可分为一、二两级。

1．一级易于自燃的物质

此类物质自燃点在 200℃以下，化学性质活泼，在空气中易于氧化或分解，燃烧猛烈，危害大，如黄磷、三乙基铝等。

2．二级易于自燃的物质

此类物质自燃点在 200℃以上，大都是含油类的物质，化学性质稳定，但在空气中堆放能氧化放热，在积热不散的条件下能够自燃，如油纸、油布、油棉纱、油浸金属屑等。

在生产、储存中，一般将一级易于自燃的物质划为甲类火灾危险，将二级易于自燃的物质划为乙类火灾危险。

（三）易于自燃的物质的主要危险特性

【演示实验 6】

先用小试管盛装约 5mL 的二硫化碳溶液，用镊子从装有白磷的试剂瓶中取出黄豆大小的白磷放入二硫化碳溶液中，使其充分溶解；然后用滴管将溶有白磷的二硫化碳溶液均匀滴于滤纸上，并用细铁丝将滤纸悬挂在铁架台上，观察并记录实验现象。

实验发现，二硫化碳逐渐挥发，在滤纸上留下细小的白磷颗粒，这些细小的白磷颗粒与空气充分接触发生缓慢氧化，放出热量。当放出的热量积累到白磷的自燃点 40℃时，白磷发生自燃，并产生白烟：

$$4P+5O_2 = 2P_2O_5$$

白磷属于一级易于自燃的物质，化学性质活泼，在空气中易于氧化或分解，燃烧猛烈，危害性较大。在生产、储存和使用中，将白磷划为甲类火灾危险。

通过归纳发火物质和自热物质的特性，易于自燃的物质的危险性主要表现在以下几个方面。

1．遇空气自燃

易于自燃的物质大部分性质非常活泼，具有极强的还原性，接触空气后能迅速与空气中的氧气反应，并产生大量的热，达到其自燃点而着火，接触其他氧化性物质反应更加剧烈，甚至爆炸。如黄磷遇空气即自燃起火，生成有毒的五氧化二磷。所以此类物质的包装必须保证密闭，充氮气保护或根据其特性用液封密闭，如黄磷须存放于水中等。

2．遇湿易燃

硼、锌、锑、铝的烷基化合物类，烷基铝类（三甲基铝、三乙基铝等）及其卤化物类（如氯化二乙基铝），化学性质非常活泼，具有极强的还原性，遇氧化性物质和酸类反应剧烈，除在空气中能自燃外，遇水或受潮还能分解而自燃或爆炸。例如，三乙基铝在空气中能氧化而自燃：

$$2Al(C_2H_5)_3+21O_2 = 12CO_2+15H_2O+Al_2O_3+Q$$

同时，三乙基铝遇水还能发生爆炸，其机理是三乙基铝与水作用生成氢氧化铝和乙烷，同时放出大量的热，从而导致乙烷爆炸。

此类易于自燃的物质在储存、运输、销售时，包装应充氮密封，防水、防潮。起火时不可用水或泡沫等含水的灭火剂扑救。

3．积热自燃

硝化纤维的胶片、废影片、X 光片等，由于本身含有硝基，化学性质很不稳定，在常温下就能缓慢分解，当堆积在一起或通风不好时，分解反应产生的热量无法散失，放出的热量越积越多，便会自动升温达到其自燃点而着火，火焰温度可达1200℃。另外，此类物质在阳光及水分的影响下也会加速分解，产生NO。NO在空气中会与氧化合生成NO_2，而NO_2在潮湿空气中又能反应生成硝酸，进一步加速硝化纤维及其制品的分解。此类物质在空气中燃烧速度极快，比相应数量的纸张快5倍，且在燃烧过程中能产生有毒和刺激性的气体。灭火时可用大量水，但要注意防止复燃和防毒。

油纸、油布等含油脂的物品，当积热不散时，也易发生自燃。因为油纸、油布是纸和布经桐油等干性油浸涂处理后的制品。桐油的主要成分是桐油酸甘油酯，化学性质很不稳定，在空气中能迅速氧化生成一层硬膜。通常情况下，由于氧化面积小，产生的热量少，可随时消散，所以不会自燃，但如果把桐油浸涂到纸或布上，则桐油与空气中氧气的接触面积增大，氧化时产生的热量也相应增多。当油纸和油布处于卷紧或堆积的条件下，就会因积热不散升温至自燃点而起火。另外，活性炭、炭黑、菜籽饼、大豆饼、花生饼、鱼粉等物品都属于积热不散易于自燃的物质，在大量远途运输和储存时，要特别注意通风和晾晒。

（四）影响易于自燃的物质危险性的因素

1．氧化介质

由燃烧机理可知，易于自燃的物质必须在一定的氧化介质中才能发生自燃。如黄磷必须在空气、氧气或氯气等氧化性气体中才能发生自燃，如果把黄磷放在水中与空气隔绝，甚至煮沸，也不会发生自燃。但是，有些易于自燃的物质，由于本身含有大量的氧，在没有外界氧化剂供给的条件下，也会因氧化分解直至自燃起火。因此，对这类物质的防火管理应当更加严格。

2．温度

温度升高能加速易于自燃的物质的分解和氧化速度，促使自燃加快。

3．湿度

湿度对易于自燃的物质有着明显影响，因为一定的水分有利于生物繁衍产生更多的发酵热，可加速易于自燃的物质的氧化过程而自燃。如硝化纤维及其制品和油纸、油布等浸油物品，在一定湿度的空气中均会加速氧化反应，造成温度升高而自燃。故此类物品在储存和运输过程中应注意防湿、防潮。

4．含油量

对涂（浸）油物品，如果含油量小于3%，氧化过程中放出的热量少，一般不会发生自燃。故在安全管理中，对于含油量小于3%的涂油物品不列入危险化学品管理。

5．杂质

某些杂质的存在会影响易于自燃的物质的氧化过程，使自燃的危险因素加大。如浸油纤维内含有金属粉末就更易自燃，绝大多数易于自燃的物质与残酸、氧化性物质接触，都会很快引起自燃。所以易于自燃的物质在储存、运输过程中，对存放的库房、载运的车（船）体等，首先应仔细检查清扫，注意与残留杂质隔离，以免因此自燃而导致火灾。

6．其他因素

除上述因素外，易于自燃的物质的包装、堆放形式等，对其自燃也有影响。如油纸、油布严密的包装、紧密的卷曲、折叠的堆放都会因积热不散、通风不良而引起自燃。因此，油纸、油布等浸油物品应以透笼木箱包装，限高、限量分堆存放，不得超量积压堆放。

三、遇水放出易燃气体的物质

（一）遇水放出易燃气体的物质的概念

遇水放出易燃气体的物质是指遇水放出易燃气体，且该气体与空气混合能够形成爆炸性混合物的物质。这类物质主要包括碱金属、碱土金属及其硼烷类和石灰氮（氰化钙）、镁粉、锌粉等金属粉末。

（二）遇水放出易燃气体的物质的分类

按遇水或受潮后发生反应的剧烈程度和危害大小可分为一、二两级。

1．一级遇水放出易燃气体的物质

此类物质遇水反应剧烈，产生大量的易燃气体和热能，能立即引起自燃或爆炸。如锂、钠、钾等活泼金属及其合金（钾钠合金、钠汞齐等）、碳化钙、碳化铝和甲基钠等。

2．二级遇水放出易燃气体的物质

此类物质遇水反应较慢，产生少量易燃气体和少量热能，遇火源才能发生燃烧或爆炸。如石灰氮（氰化钙）、保险粉、金属钙、氢化铝、锌粉等。

在生产储存中，将所有遇水放出易燃气体的物质都划为甲类火灾危险。

（三）遇水放出易燃气体的物质的主要危险特性

【演示实验 7】

先用烧杯取约 50mL 水，再用镊子从装有电石的试剂瓶中取出蚕豆大小的电石块放入上述烧杯中，然后用电子点火器进行点燃，观察并记录实验现象。

实验发现，烧杯中有大量的气泡逸出，烧杯的水逐渐变浑浊，电子点火器能迅速将发出的气体进行点燃，并产生黑色的烟：

$$CaC_2+2H_2O=\!=\!=Ca(OH)_2+C_2H_2\uparrow$$

电石属于一级遇水放出易燃气体的物质，化学性质活泼，遇水反应剧烈，产生大量的易燃气体乙炔和热量，能很快引起自燃或者爆炸，危害性较大。在生产、储存和使用中，将电石划为甲类火灾危险。

1．遇水易燃易爆

这是该类物质的通性，其特点是：

① 遇水后发生剧烈的化学反应，放出易燃气体和热量。当易燃气体在空气中达到爆炸极限时，或接触明火，或由于反应放出的热量达到引燃温度时就会发生着火或爆炸。如金属钠、

氢化钠等遇水反应剧烈，放出氢气多，产生热量大，能直接使氢气燃爆。

② 遇水后反应较为缓慢，放出的易燃气体和热量少，易燃气体接触明火时才能引起燃烧。如氢化铝、硼氢化钠等都属于这种情况。

③ 电石、碳化铝、甲基钠等遇水放出易燃气体的物质盛放在密闭容器内，遇水后放出的乙炔和甲烷及热量逸散不出来而积累，致使容器内的气体越积越多，压力越来越大，当超过了容器的耐压强度时，就会胀裂容器以致发生爆炸。

2．遇氧化性物质和酸类物质着火爆炸

遇水放出易燃气体的物质除与水接触能反应外，遇到氧化性物质、酸类物质反应更加剧烈，危险性更大，甚至有些遇水反应较为缓慢，甚至不发生反应的物质，当遇到氧化性物质或酸类物质时，也能发生剧烈反应。如锌粒在常温下放入水中并不会发生反应，但放入酸中，即使是较稀的酸，反应也非常剧烈，放出大量氢气。这是因为遇水放出易燃气体的物质都是还原性很强的物质，而氧化性物质和酸类物质都具有较强的氧化性，所以它们相遇后反应更加剧烈。

3．易自燃

有些物质不仅有遇湿易燃危险性，而且还有自燃危险性。如锌粉、铝镁粉等金属粉末，在潮湿的空气中能自燃。铝镁粉是金属镁粉和金属铝粉的混合物，铝镁粉与水反应比镁粉或铝粉单独与水反应要强烈得多。因为镁粉或铝粉单独与水（水蒸气）反应，除产生氢气外，还生成氢氧化镁或氢氧化铝，后者能形成保护膜，阻止反应继续进行，不会引起自燃。而铝镁粉与水反应则同时生成氢氧化镁和氢氧化铝，之后两者之间又能起反应生成偏铝酸镁。

$$Al+3H_2O = Al(OH)_3+3H_2\uparrow+Q$$

$$Mg+2H_2O = Mg(OH)_2+H_2\uparrow+Q$$

$$Mg(OH)_2+2Al(OH)_3 = Mg(AlO_2)_2+4H_2O$$

由于反应中偏铝酸镁能溶解于水，破坏了氢氧化镁和氢氧化铝对镁粉和铝粉的保护作用，使铝镁粉不断地与水发生剧烈反应，产生氢气和大量的热，从而引起自燃。

另外，金属的硅化物、磷化物等遇水可放出在空气中能自燃且有毒的气体四氢化硅和磷化氢，因此，这类气体的自燃危险性是不容忽视的，如硅化镁和磷化钙与水的反应为

$$Mg_2Si+4H_2O = 2Mg(OH)_2+SiH_4\uparrow+Q$$

$$Ca_3P_2+6H_2O = 3Ca(OH)_2+2PH_3\uparrow+Q$$

4．具有毒害性和腐蚀性

遇水放出易燃气体的物质反应生成的气体有一些是易燃有毒的，如乙炔、磷化氢和四氢化硅，尤其是金属的磷化物、硫化物等。同时，遇水放出易燃气体的物质本身很多也是有毒的，如钠汞齐、钾汞齐等，硼和氢的金属化合物的毒性甚至比氰化氢、光气的毒性还大。因此，应特别注意防毒。

碱金属及其氢化物、碳化物与水作用能生成强碱，具有很强的腐蚀性，故还应注意防腐蚀。

（四）影响遇水放出易燃气体的物质危险性的因素

1．化学组成

由以上分析可知，遇水放出易燃气体的物质火灾危险性的大小，主要取决于物质本身的化学组成。组成不同，与水反应的强烈程度不同，产生的易燃气体也不同。如钠与水作用放出氢气，电石与水反应放出乙炔，碳化铝与水反应放出甲烷，磷化钙与水反应放出磷化氢等。

2．金属的活泼性

金属与水的反应能力主要取决于金属的活泼性。金属的活泼性越强，遇水（酸）反应越剧烈，火灾危险性也就越大。例如，碱金属的活泼性比碱土金属强，故碱金属比碱土金属的火灾危险性大。

综上所述，遇水放出易燃气体的物质必须盛装于气密或液封容器中，或浸没于稳定剂中，置于干燥通风处，与性质相互抵触的物品隔离储存，注意防水、防潮、防雨雪、防酸，严禁接近火源、热源等，保证储存、运输和销售的安全。

四、易燃固体、易于自燃的物质和遇水放出易燃气体的物质的安全管理

（一）易燃固体

① 储存于阴凉通风库房内，远离火源、热源、氧化剂及酸类（特别是氧化性酸类）。不可与其他危险化学品混放。

② 搬运时轻装轻卸，防止拖、拉、摔、撞，保持包装完好。

③ 硝化棉等制品，平时应注意通风散热，防止受潮发霉，并应注意储存期限。

④ 对含水分或乙醇作稳定剂的硝化棉等应经常检查包装是否完好，发现损坏应及时修理。要经常检查稳定剂的情况，必要时添加稳定剂，润湿必须均匀。

⑤ 在储存中，对不同品种的事故应区别对待。如发现赤磷冒烟，应立即将冒烟的赤磷抢救出仓库，用黄砂、干粉等扑灭；如发现散装硫黄冒烟则应及时用水扑救；而镁、铝等金属粉末燃烧，则只能用干砂、干粉灭火，严禁使用水、酸碱灭火剂、泡沫灭火剂以及二氧化碳灭火剂。

⑥ 船运时，配装位置应远离船员室、机舱、电源、火源、热源等部位，通风筒应有防火星的装置。

（二）易于自燃的物质

易于自燃的物质由于其分子组成结构不同，发生自燃的原因也不尽相同。因此，应根据不同的易于自燃的物质的特性采取相应的措施，以保证安全。有关储存和运输的要求，概括起来有以下几方面。

① 入库验收时，应特别注意包装必须完整密封。储存处应通风、阴凉、干燥，远离火源、热源，防止阳光直射。

② 应根据不同物品的性质与要求，分别选择适当的地点，专库储存。严禁与其他危险化

学品混储混运。即使少量，也应与酸类、氧化剂、金属粉末、易燃易爆物品等隔离存放。

③ 搬运时应轻装轻卸，不得撞击、翻滚、倾倒，防止包装容器损坏。黄磷在储运时应始终浸没在水中。忌水的二乙基铝等包装必须严密，不得受潮。

④ 应结合易于自燃的物质的不同特性和季节气候，经常检查库内有无异味和异状，包装有无渗漏、破损。

（三）遇水放出易燃气体的物质

① 严禁露天存放，库房必须干燥，严防漏水与雨雪浸入，注意下水道畅通，暴雨或潮汛期间必须保证不进水。

② 库房必须远离火源、热源，附近不得存放盐酸、硝酸等散发酸雾的物品。

③ 包装必须严密，不得破损，如有破损，应立即采取措施。钾、钠等活泼金属绝对不允许暴露于空气中，必须浸没在煤油中保存，容器不得渗漏。

④ 不得与其他危险化学品，特别是酸类物质、氧化性物质、含水物质、潮解性物质混存混运。

⑤ 装卸搬运时应轻装轻卸，不得翻滚、撞击、摩擦、倾倒。雨雪天无防雨设备不得作业。运输用车、船必须干燥，并有良好的防潮设施。

⑥ 电石入库时，要检查容器是否完好，对未充氮的铁桶应放气，发现发热或温度较高时更应放气。

⑦ 此类物质灭火时严禁用水、泡沫及含水的灭火剂；活泼金属着火时也不得用二氧化碳灭火剂。

【案例 5】硫黄粉爆炸事故

2008 年 1 月 13 日凌晨 3 点 25 分左右，西山区海口镇境内的云天化国际化工股份有限公司三环分公司（以下简称三环公司）硫酸厂内的仓库从事硫黄卸车作业时，硫黄粉尘突然发生爆炸并引起燃烧。爆炸冲击波将场内设备设施及仓库的轻型屋顶毁坏，并造成 7 人死亡、7 人重伤、25 人轻伤。事故发生的原因：一是天气干燥，空气湿度低，在装卸过程中产生了易燃易爆的硫黄粉尘；二是装卸的时间为深夜，空气流动性差，造成硫黄粉尘富集并在空气中达到硫黄粉尘的爆炸浓度极限，在一定的点火能量作用下引发爆炸。

【案例 6】黄磷自燃事故

2005 年 5 月 12 日凌晨，云南马龙产业集团有限公司安宁分公司黄磷沉降罐发生泥磷泄漏燃烧事故。这次火灾燃烧强度、扑灭难度、火灾危险性、投入力量和持续时间是云南省近年化工火灾所罕见，由于指挥有序，战术得当，使得火灾控制在适当范围内，成功地保护了临近生产装置和罐区安全。整个扑救行动中有一名消防人员被黄磷烧伤，没有发生其他伤亡事故。

【案例 7】电石遇水燃烧事故

2008 年 4 月 13 日 11 时，湖南省郴州市北湖区市郊乡境内的 107 国道边的一个停车场内，3 辆共载有百吨电石的甘肃大货车因雨水流入车厢，导致车厢内电石发生剧烈的化学反应，起火燃烧并引发爆炸。该事故造成 3 辆大货车及车上的电石全部被烧毁。

【思考与练习】

1．易燃固体、易于自燃的物质和遇水放出易燃气体的物质如何分级，其火灾危险性如何分类？

2．根据表 3-33 所列内容，思考下列问题：

① 易燃固体、易于自燃的物质和遇水放出易燃气体的物质的主要危险特性有哪些？

② 易燃固体、易于自燃的物质和遇水放出易燃气体的物质危险性的影响因素有哪些？

③ 易燃固体、易于自燃的物质和遇水放出易燃气体的物质的安全管理有哪些要求？

表 3-33　几种常见的易燃固体、易于自燃的物质和遇水放出易燃气体的物质

危险化学品				理化特性					危险特性	灭火剂
名称	别称	化学式	编号 GB/CN	性状	溶解性	熔点/℃	沸点/℃	自燃点/℃		
N，N-二亚硝基五亚甲基四胺	发泡剂 H	$(CH_2)_5(NO)_2N_4$	41021	淡黄色粉末或砂粒状固体	易溶于丙酮，略溶于醇，不溶于乙醚及水	200	—	—	遇明火、高温、酸类易剧烈燃烧	水、沙土，禁用酸碱灭火剂
红磷	赤磷	P_4	41001	紫红色粉末	能溶于无水酒精，不溶于水、二硫化碳	590	—	260	遇热、火源、摩擦、撞击或溴、氯气及氧化剂都有引起燃烧的危险	干粉、黄砂、石粉、水
硝化棉	棉花火药	$C_{12}H_{17}(ONO_2)_3O_7$ $C_{12}H_{16}(ONO_2)_4O_6$	2555 41031	白色或微黄色棉絮状	能溶于丙酮	160～170	—	170	遇火星、高温、氧化剂和大多数有机胺都会着火或爆炸	水、泡沫、二氧化碳，严禁沙土覆盖
黄磷	白磷	P_4	1381 42001	纯品为无色蜡状固体	不溶于水，稍溶于苯、氯仿，易溶于二硫化碳	44.1	280	30	剧毒，在空气中易自燃。受撞击、摩擦或与氧化剂接触能立即燃烧甚至爆炸	雾状水、沙土
三乙基铝	—	$(C_2H_5)_3Al$	42022	无色液体	—	—	194	< −52.5	易自燃、易爆炸	干砂、干粉，禁用水、泡沫
戊硼烷	五硼烷	B_5H_{11}	1380 42031	无色液体	—	−46	58	—	剧毒，遇热、明火易燃	干砂、干粉，禁用水、泡沫
碳化钙	电石	CaC_2	1402 43025	黄褐色或黑色硬块	—	2300	—	—	易自燃爆炸	干黄砂、干石粉、干粉，禁用水、泡沫
钾	金属钾	K	2257 43003	银白色柔软金属	—	63.6	774	—	遇水易燃烧爆炸，遇卤素有爆炸危险	干黄砂、干石粉、干粉，禁用水、泡沫
钠	金属钠	Na	1428 43002	银白色柔软金属	—	97.9	892	>115	遇水、碘、乙炔易燃烧爆炸，遇四氯化碳在 65℃时易爆炸	干黄砂、干石粉、干粉，禁用水、泡沫
氢化钠	—	NaH	1427 43017	白色至淡棕色结晶或粉末	能溶于熔融的氢氧化钠，不溶于液氨、苯、二硫化碳	800	—	—	与水、酸和氧化剂接触发生剧烈反应，受热分解出有毒、氧化钠烟雾	干砂、干粉，禁用水、泡沫

第八节 氧化性物质和有机过氧化物

【学习目标】

1．了解氧化性物质和有机过氧化物的概念和化学组成结构特点。
2．熟悉氧化性物质和有机过氧化物的分类和编号。
3．掌握氧化性物质和有机过氧化物的危险特性和影响因素，以及安全管理措施。

一、氧化性物质和有机过氧化物的概念

氧化性物质是指本身未必燃烧，但通常因放出氧可能引起或促使其他物质燃烧的物质。

有机过氧化物是指含有两价过氧基（—O—O—）结构的有机物质，具有热不稳定性，可能发生放热的自加速分解。

二、氧化性物质和有机过氧化物的分类

按化学组成，氧化性物质和有机过氧化物分为无机和有机两大类，而按其氧化性的强弱，无机氧化性物质和有机过氧化物又可各分为一级和二级。

（一）无机氧化性物质

1．一级无机氧化性物质

这类氧化性物质多为碱金属、碱土金属的盐类。它们的分子中分别含有高价态元素（N^{5+}、Cl^{7+}、Mn^{7+}）或过氧基（—O—O—），活性强，易分解，有极强的氧化性，本身虽不燃烧，但与可燃物作用能引起燃烧或爆炸。属于这类的物质主要有：

（1）硝酸盐类　如硝酸钾、硝酸锂等，该类氧化剂分子中含有高价态的氮（N^{5+}），易得电子变为低价态的氮（N^{0}、N^{3-}）。

（2）氯的含氧酸及其盐类　如高氯酸、氯酸钾、次氯酸钙等，该类氧化剂分子中含有高价态的氯（Cl^{1+}、Cl^{3+}、Cl^{5+}、Cl^{7+}），易得电子变为低价态的氯（Cl^{0}、Cl^{1-}）。

（3）高锰酸钾盐类　如高锰酸钾、高锰酸钠等，该类氧化剂分子中含有高价态的锰（Mn^{7+}），易得电子变为低价态的锰（Mn^{2+}、Mn^{4+}）。

（4）过氧化物类　如过氧化钠、过氧化钾等，该类氧化剂分子中有过氧基（—O—O—），不稳定，易分解放出具有强氧化性的氧原子。

（5）其他　如银、铝催化剂等。

2．二级无机氧化性物质

除一级以外的所有无机氧化性物质均属此类。它们也容易分解，但比一级氧化性物质较稳定，具有较强的氧化性，遇可燃物能引起燃烧，一般不能引起爆炸。属于此类的物质主要有：

① 硝酸镧、亚硝酸钠等硝酸盐及亚硝酸盐类。

② 氯酸镁、亚氯酸钠、溴酸钠、高碘酸等卤素含氧酸及其盐类。

③ 铬酸、重铬酸钠、高锰酸银等金属含氧酸及其盐类。

④ 氧化银、五氧化二碘、过氧化铝等其他氧化物及过氧化物。

（二）有机过氧化物

1．一级有机过氧化物

有机过氧化物绝大多数为烃的过氧化氢衍生物，少数为有机硝酸盐类。其特点是具有极强的氧化性，本身易于着火燃烧，也能引起其他物品燃烧或爆炸。属于这类的物质主要有：

（1）有机过氧化物类　如过氧化二苯甲酰、过氧化二叔丁醇等，这类物质中含有过氧基（—O—O—），极不稳定，易分解放出活性氧，同时本身还能进行氧化还原反应，特别是受到光和热的作用后更容易分解，常因此发生燃烧和爆炸。

（2）有机硝酸盐类　如硝酸胍、硝酸脲等，这类物质同无机硝酸盐类相似，也含有高价态的氮，易得电子变为低价态。

2．二级有机过氧化物

除一级以外的所有有机过氧化物均属此类，如过氧乙酸、过氧化环己酮等。它们也容易分解放出活性氧并进行自身氧化还原反应，其氧化性能仅次于一级，只是稍微稳定些。

在安全管理工作中，根据生产和储存的火灾危险性大小，通常将一级氧化剂划为甲类，二级氧化剂划为乙类。

此外，除上述各类各级氧化剂外，还有氧气、一氧化二氮、氯气等压缩气体或液化气体，72%以下的高氯酸、40%以下的过氧化氢、溴素、硝酸、硫酸等腐蚀性物质也具有较强的氧化性，虽未列入氧化剂一类，但在安全管理上仍把它们视为氧化剂，并划为乙类火灾危险。

三、氧化性物质和有机过氧化物的主要危险特性

【演示实验8】

用称量天平称取硫粉0.5g、氯酸钾1g（注意严格控制数量，防止危险）；在金属盘上将硫粉与氯酸钾混合均匀，并在通风橱内用点火器点燃，观察现象。

实验发现，硫粉与氯酸钾的混合物能被点火器点燃，并生成具有刺激性气味的二氧化硫气体：

$$3S+2KClO_3 = 2KCl+3SO_2$$

氯酸钾属于一级无机氧化性物质，化学性质活泼，能放出氧可能引起或促使其他物质燃烧。在生产、储存和使用中，将氯酸钾划为甲类火灾危险。

（一）易分解发生燃烧爆炸

氧化性物质和有机过氧化物在外界因素的影响下，都极易发生分解，放出活性氧，与可燃物反应，导致燃烧或爆炸。

1．受热或摩擦、撞击易分解

① 无机氧化性物质大多数本身不燃不爆，但受热或受摩擦、撞击易分解释放活性氧，若接触易燃物、有机物，特别是与木炭粉、硫黄粉、糖粉、淀粉等混合时，能引起燃烧或爆炸。常见的无机氧化性物质的分解温度和可燃性粉状物的反应见表3-34。

表 3-34 部分常见的无机氧化性物质的分解温度和可燃性粉状物的反应

氧化剂名称	分解反应式	分解温度/℃	与木炭、硫黄等粉状物混合后受热、撞击、摩擦反应情况
硝酸钾	$2KNO_3 = 2KNO_2+O_2$	400	受热能燃烧、爆炸
硝酸铵	$2NH_4NO_3 = 2N_2+4H_2O+O_2$	210	受热能燃烧、爆炸
硝酸钠	$2NaNO_3 = 2NaNO_2+O_2$	380	受热能燃烧、爆炸
氯酸钾	$2KClO_3 = 2KCl+3O_2$	400	经摩擦立即爆炸
氯酸钠	$2NaClO_3 = 2NaCl+3O_2$	300	经摩擦立即爆炸
高锰酸钾	$2KMnO_4 = K_2MnO_4+MnO_2+O_2$	<240	经撞击爆炸
过氧化钾	$K_2O_2 = K_2O+[O]$	490	经摩擦立即燃烧
过氧化钠	$Na_2O_2 = Na_2O+[O]$	460	经摩擦立即燃烧

② 有机过氧化物由于都含有过氧基（—O—O—），而—O—O—是极不稳定的结构，对热、震动、冲击或摩擦都极为敏感，当受轻微的外力作用时即分解，立即放出活性氧，既能氧化与其接触的可燃物，使之燃烧或爆炸，又能自身进行氧化还原反应，发生燃烧或爆炸。如过氧化二乙酰，纯品制成后存放 24h 就可以发生强烈的爆炸；过氧乙酸纯品极不稳定，在 -20℃时也会爆炸，浓度大于 45%时就有爆炸危险。不难看出，有机过氧化物对温度和外力作用是十分敏感的，其危险性比无机氧化性物质更大，见表 3-35。

表 3-35 几种有机过氧化物的分解温度

物品名称	分子式	分解温度/℃
过氧化重碳酸二异丙酯	$(CH_3)_2CHOCO—O—O—COOCH(CH_3)_2$	11.7
过氧化三甲醋酸叔丁酯	$(CH_3)_3C—O—O—COC(CH_3)_3$	29.4
过氧化二月桂酰	$(C_{11}H_{23}CO_2)O_2$	48.8
过氧化苯甲酸叔丁酯	$C_6H_5CO—O—O—C(CH_3)_3$	60
过氧化乙酸叔丁酯	$CH_3CO—O—O—C(CH_3)_3$	93.3

2．与酸类物质作用能分解

氧化性物质遇酸类物质后，大多数不但能发生反应，而且反应常常十分剧烈，甚至引起爆炸。例如，过氧化钠、高锰酸钾与硫酸，氯酸钾与硝酸接触都十分危险。

$$Na_2O_2+H_2SO_4 = Na_2SO_4+H_2O_2$$

$$2KMnO_4+H_2SO_4 = K_2SO_4+2HMnO_4$$

$$KClO_3+HNO_3 = KNO_3+HClO_3$$

在上述反应的生成物中，除硫酸盐、硝酸盐比较稳定外，过氧化氢、高锰酸、氯酸等都是一些性质很不稳定的氧化性物质，极易分解放出活性氧而引起燃烧或爆炸，例如：

$$2H_2O_2 = 2H_2O+O_2\uparrow$$

$$4HMnO_4 = 4MnO_2+2H_2O+3O_2\uparrow$$

$$26HClO_3 = 10HClO_4+8Cl_2\uparrow+8H_2O+15O_2\uparrow$$

由此可见，氧化性物质不能与硫酸、硝酸等混存混运；发生火灾时，也不能用泡沫和酸碱灭火剂扑救。

3．与水作用能分解

有些氧化性物质，特别是过氧化钠、过氧化钾等活泼金属的过氧化物，遇水或吸收空气中的 CO_2 和水蒸气能分解放出活性氧，致使可燃物燃爆。例如，过氧化钠与 H_2O 和 CO_2 的反应如下：

$$Na_2O_2+H_2O=\!=\!=2NaOH+[O]$$

$$2Na_2O_2+2CO_2=\!=\!=2Na_2CO_3+2[O]$$

漂粉精（次氯酸钙）吸水后，不仅能放出氧，还能放出大量的氯：

$$Ca(ClO)_2+2H_2O=\!=\!=Ca(OH)_2+2HClO$$

$$2HClO=\!=\!=H_2O+Cl_2O$$

$$2Cl_2O=\!=\!=O_2+2Cl_2$$

所以，这类氧化性物质在储运中，包装要完好、密封，防止受潮、雨淋。如果包装破损，应立即采取措施，撒漏部分须彻底扫除。着火时，禁止用水扑救；对于过氧化钠、过氧化钾等活泼金属的过氧化物也不能用 CO_2 扑救。

4．氧化性物质之间作用能分解

无机氧化性物质中，强氧化性的与弱氧化性的相互接触能发生复分解反应，产生高热而引起燃烧或爆炸。例如，漂白粉、亚硝酸盐、亚氯酸盐、次氯酸盐等具有氧化和还原双重性的无机氧化性物质，当遇到比它们强的氧化性物质，如氯酸盐、硝酸盐、高锰酸盐、高氯酸盐等，即显示出还原性来，发生剧烈反应，引起燃烧或爆炸。如亚硝酸钠与硝酸铵作用能生成硝酸钠和比其危险性更大的亚硝酸铵。因此，不同的氧化性物质也不能混存储运。

（二）遇火能燃烧爆炸

有机过氧化物不仅极易分解爆炸，而且本身还特别易燃。如过氧化二叔丁醇的闪点为26.7℃，过氧化二叔丁酯的闪点只有 12℃。有机过氧化物的火灾危险性，主要取决于物质本身的氧含量、分解温度、闪点等。氧含量越多，其热分解温度越低，闪点越低，则火灾或爆炸危险性越大。因此，对于有机过氧化物，除了防止与任何可燃物相混合外，还应隔离所有火源或热源。部分常见有机过氧化物的危险性能见表 3-36。

表 3-36　部分常见有机过氧化物的危险性能

有机过氧化物名称	状态	分解温度/℃	活性氧含量（%）	爆发点/℃	闪点/℃	贮运要求
过氧二苯甲酰	粉状固体	105	6.61	125	—	加 25%～30%的水
过氧化氢异丙苯	油状液体	100	10.52	—	92	
过氧化甲乙酮	液体	80～100	18.20	205	50	
过氧化叔丁醇	液体	110	17.77	—	26.7	—
过氧乙酸	液体	100	21.04	110	40	—
二叔丁基过氧化物	液体	100	10.95	—	12	—
过氧化二碳酸二环己酯	粉状固体	42	5.60	—	—	在 5℃以下
叔丁醇过氧化特戊酸酯	液体	55	9.98	—	—	在 0℃以下
过氧化十二酰	粉状固体	60～70	4.02	—	—	在 30℃以下
过氧化二碳酸双酯	粉状固体	56	4.02	—	—	在 20℃以下

（三）与燃烧性液体作用能自燃

有些氧化性物质与可燃或易燃液体接触能引起自燃。如高锰酸钾与甘油或乙二醇接触，过氧化钠与甲醇或醋酸接触，铬酸与丙酮或香蕉水接触等，都能引起自燃起火。

$$6KMnO_4 + 2C_3H_5(OH)_3 \longrightarrow 6MnO_2 + 6KOH + 6CO_2 + 5H_2O + [O]$$

$$3Na_2O_2 + CH_3OH \longrightarrow 3Na_2O + CO_2 + 2H_2O$$

$$6CrO_3 + (CH_3)_2CO \longrightarrow 3Cr_2O_3 + 3CO_2 + 3H_2O + [O]$$

所以，在储运上述氧化性物质时，必须与可燃性液体隔离，分仓储存，单独装运。

（四）腐蚀毒害性

绝大多数氧化性物质都具有一定的毒性和腐蚀性，能毒害人体，烧伤皮肤，如三氧化二铬既有毒性也有腐蚀性。

有机过氧化物的人身伤害性主要表现为容易伤害眼睛，如过氧化环己酮、叔丁基过氧化物、过氧化二乙酰等，都对眼睛有伤害作用，其中有些即使是与眼睛短暂地接触，也会对角膜造成严重的伤害。所以，储运这类物品和扑灭火灾时，应注意安全防护。

四、氧化性物质和有机过氧化物的安全管理

（1）库房安全设施要求　库房要通风散热（15～30℃）、禁火防晒、防雨防潮（湿度<65%，堆垛下垫 20cm 木板）、干燥清洁，照明设备要防爆。库区功能规划合理，消防通道畅通，消防水源、干砂等设施齐全达标。

（2）安全制度完善　管理人员须执证上岗；出入库登记，以及值班、交接班、安全巡查等制度必须完善，落实到位。

（3）储放要求　氧化剂堆垛要牢固、稳妥、整齐，便于搬运。堆垛长宽高、垛距、墙距、柱距、顶距等应符合规范。不同类氧化剂应分开存放，如有机过氧化物不得与无机氧化剂混储混运；亚硝酸盐类、亚氯酸盐类、次亚氯酸盐类均不得与其他氧化剂混储；有机过氧化物则应专库存放。氧化剂严禁与酸类、易燃物、爆炸品、金属粉末或金属离子的溶液（因有催化作用）、还原剂、易于自燃的物质、遇水放出易燃气体的物质混合储存。

（4）运输要求　大量的不同类氧化剂应单独装运，不得混运；不得与强酸、强碱、强还原剂、易燃固体、易于自燃的物质、遇水放出易燃气体的物质、有机物等同车混装。

（5）搬运要求　装卸时必须轻装轻卸；散落的粉末或粒状氧化剂，应及时收集转移处置，勿有残留；操作人员不准携带火柴、打火机等进入装卸现场，禁止吸烟。

【案例 8】氯酸钾遇红磷爆炸事故

2013 年 9 月 10 日 11 时 50 分，广州市白云区西槎路鹅掌坦路段增宝仓库内发生爆燃事故。发生原因是增宝仓库 107 库房西侧的一辆集装箱货车在装卸儿童玩具枪用的塑料圆盘击

发帽（检出氯酸钾及磷成分）作业过程中不慎发生爆炸，引起西侧 907 库房内物品爆炸并着火燃烧。本次事故已造成 8 人死亡（主要是现场装卸工人）、36 人受伤，其中重伤 21 人、轻伤 15 人。

【思考与练习】

1．氧化性物质和有机过氧化物如何分类？
2．氧化性物质和有机过氧化物的主要危险特性有哪些？
3．影响氧化性物质和有机过氧化物的危险性的因素有哪些？
4．根据表 3-37 所列内容，对氧化性物质和有机过氧化物质的安全管理有哪些要求？

表 3-37　几种常见的氧化物和过氧化物

危险化学品				理化特性					危险特性	灭火剂
名称	别称	化学式	编号 GB/CN	性状	溶解性	熔点/℃	沸点/℃	闪点/℃		
过氧化氢溶液	双氧水	H_2O_2	2014 51001	无色油状液体	易溶于水	−2	158	—	受热易分解出氧气，遇强氧化剂、金属粉末剧烈反应	雾状水、黄砂、二氧化碳
过氧化钠	二氧化钠	Na_2O_2	1504 51002	米黄色吸湿性粉末	—	460	670	—	与有机物、易燃物接触能引起燃烧爆炸，与水剧烈反应	干砂、干土、干石粉，禁用水和泡沫
高氯酸钾	过氯酸钾	$KClO_4$	1489 51019	无色结晶或白色结晶粉末	微溶于水，不溶于乙醇、乙醚	610±10	—	—	与有机物、还原剂、易燃物等混合，有爆炸危险	雾状水、沙土
氯酸钾	白药粉	$KClO_3$	1485 51031	无色片状晶体或白色颗粒粉末	能溶于水，不溶于醇	368.4	400	—	遇有机物、磷、金属粉末、硫酸易引起燃烧爆炸	先用沙土，后用水
高锰酸钾	过锰酸钾	$KMnO_4$	1490 51048	深紫色细长斜方柱状结晶	能溶于水	240	—	—	与乙醚、乙醇、硫黄、磷铵的化合物接触，会发生爆炸	水、沙土
过氧乙酸	过醋酸	CH_3COOOH	52051	无色液体	易溶于水、乙醇、乙醚	0.1	105	40.6	极不稳定，在−20℃时会爆炸。浓度大于45%就具有爆炸性	雾状水、泡沫二氧化碳
过氧甲酸	过蚁酸	HCOOH	52050	无色液体	能与水、乙醇、乙醚混溶，能溶于苯、氯仿	—	105	40	与 H 发孔剂接触，会引起燃烧。与还原剂、金属氧化物混合，有燃烧爆炸危险	雾状水、沙土、二氧化碳
过氧化（二）乙酰	—	$(CH_3CO)_2O_2$	52037	无色片状晶体	微溶于冷水	30（纯品）	63	45	纯品（100%）过氧化（二）乙酰，制成后储存 24h，可能发生爆炸，因此不宜储存。易燃，受热分解出有毒气体	雾状水、二氧化碳、干粉
过氧化（二）苯甲酰	—	$(C_6H_5CO_2)_2O_2$	52045	白色或淡黄色细粒	微溶于水，能溶于醇、醚、苯等	103～105	分解（爆炸）	—	受热、撞击、遇明火或高温，均有引起燃烧爆炸的危险性	水、沙土

第九节 毒 性 物 质

【学习目标】

1．了解毒性物质的概念和组成结构对毒性的影响。

2．熟悉毒性物质分类和编号，以及中毒途径及影响因素。

3．掌握毒性物质的危险特性，半数致死量LD_{50}、半数致死浓度LC_{50}，以及安全管理要求。

一、毒性物质的概念

毒性物质是指经吞食、吸入或与皮肤接触后可能造成死亡或严重受伤或损害人类健康的物质，包括满足下列条件之一的物质（固体或液体）：

① 急性口服毒性：$LD_{50}\leqslant 300mg/kg$；

② 急性皮肤接触毒性：$LD_{50}\leqslant 1000mg/kg$；

③ 急性吸入粉尘和烟雾毒性：$LC_{50}\leqslant 4mg/L$；

④ 急性吸入蒸气毒性：$LC_{50}\leqslant 5000mL/m^3$，且在20℃和标准大气压力下的饱和蒸气浓度大于或等于$1/5LC_{50}$。

LD_{50}、LC_{50}是经过统计学方法得出的一种物质毒性的单一计量。急性口服毒性半数致死量LD_{50}是使雌雄青年白鼠口服后，最可能引起受试动物在14d内死亡一半的物质剂量，试验结果以mg/kg体重表示；急性皮肤接触毒性半数致死量LD_{50}是使白兔的裸露皮肤持续接触24h，最可能引起受试动物在14d内死亡一半的物质剂量，试验结果以mg/kg体重表示；急性吸入粉尘和烟雾毒性LC_{50}和急性吸入蒸气毒性LC_{50}是使雌雄青年白鼠连续吸入1h后，最可能引受试验动物在14d内死亡一半的蒸气、烟雾或粉尘的浓度，对粉尘和烟雾，试验结果以mg/L表示，对蒸气，试验结果以mL/m^3表示。固态物质如果其总质量的10%以上是在可吸收范围的粉尘应进行试验。液态物质如果在运输密封装置泄露时可能产生烟雾，应进行试验。不管是固态物质还是液态物质，准备用于吸入毒性试验的样品的90%以上应在上述规定的可吸入范围。

二、毒性物质的分类

毒性物质按口服、皮肤接触和吸入3种施毒方式所显示的毒性分为3个危险等级，标准见表3-38。

表3-38 口服、皮肤接触和吸入施毒方式的分级标准

危险等级	口服半数致死量LD_{50}/（mg/kg）	皮肤接触半数致死量LD_{50}/（mg/kg）	吸入烟雾或粉尘半数致死浓度LC_{50}/（mg/L）
Ⅰ	$LD_{50}\leqslant 5.0$	$LD_{50}\leqslant 50$	$LC_{50}\leqslant 0.2$
Ⅱ	$5<LD_{50}\leqslant 50$	$50<LD_{50}\leqslant 200$	$0.2<LC_{50}\leqslant 2.0$
Ⅲ	$50<LD_{50}\leqslant 300$	$200<LD_{50}\leqslant 1000$	$2.0<LC_{50}\leqslant 4.0$

对能产生毒性蒸气的液体，其危险级别按20℃时标准大气压力下每立方米空气中所含有的液体饱和蒸气的浓度（mL/m^3）来区分，其分组标准是：

① 一级毒性物质，指液体饱和蒸气浓度≥$10LC_{50}$且LC_{50}≤$1000mL/m^3$的液体。

② 二级毒性物质，指液体饱和蒸气浓度≥$10LC_{50}$且LC_{50}≤$3000mL/m^3$，但未达到一级标准的液体。

③ 三级毒性物质，指液体饱和蒸气浓度≥$1/5LC_{50}$且LC_{50}≤$5000mL/m^3$，但未达到一、二级标准的液体。

另外，对于能产生催泪性蒸气、闭杯试验闪点<23℃的液体，其危险级别最低不应低于二级。

三、毒性物质的主要危险特性

【演示实验9】

用4只1mL规格的注射器取浓度为5%、10%、15%、20%的乐果溶液0.4mL，通过腹腔分别给体重为18～22g的4只小白鼠进行注射实验，并计时观察小白鼠中毒反应、死亡时间情况。组织学生讨论动物中毒反应症状及其影响因素。

（一）毒害性

1. 中毒的途径

毒性物质的主要危险性是毒害性，毒害性主要表现为对人体及其他动物的伤害。引起人体及其他动物伤害的主要途径包括呼吸道、消化道和皮肤3个方面。

（1）呼吸道中毒　在毒性物质中，挥发性液体的蒸气和固体的粉尘最容易通过呼吸器官进入人体。尤其是在火场上和抢救疏散毒性物质的过程中，接触毒性物质的时间较长，消防人员呼吸量大，很容易引起呼吸中毒。如氢氰酸、溴甲烷、苯胺、三氧化二砷等物质的蒸气和粉尘，都能经过人的呼吸道进入肺部，被肺泡表面所吸收，随着血液循环引起中毒。此外，呼吸道的鼻、喉、气管粘膜等，也具有相当大的吸收能力，很容易因吸收而引起中毒。呼吸道中毒比较快，而且严重，因此扑救毒性物质火灾的人员，应佩戴必要的防毒器具，以免引起中毒。

（2）消化道中毒　消化道中毒是指毒性物质侵入人体消化器官引起的中毒。由于人的肝脏对某些毒性物质具有解毒功能，所以消化道中毒较呼吸道中毒缓慢。有些毒性物质如砷和它的化合物，在水中不溶或溶解度很低，但通过胃液后会变为可溶物被人体吸收而引起人体中毒。

（3）皮肤中毒　一些能溶于水或脂肪的毒性物质接触皮肤后，容易侵入皮肤引起中毒。如芳香族的衍生物、硝基苯、苯胺、联苯胺，农药中的有机磷、有机汞等毒性物质，都能通过皮肤破裂的地方侵入人体，并随着血液循环而迅速扩散。特别是氰化物的血液中毒，能极其迅速地导致死亡。此外，氯苯乙酮等毒性物质对眼角膜等人体的粘膜有较大的危害。

2. 影响毒害性的因素

毒性物质毒害性的大小是由多种因素决定的，通过分析比较，影响因素主要有以下几点。

（1）化学组成和化学结构　这是决定毒害性的根本因素，包括：

① 有机化合物的饱和程度，如乙炔的毒性比乙烯大，乙烯的毒性比乙烷大等。

② 分子上烃基的碳原子数，如甲基内吸磷比乙基内吸磷的毒性小50%。

③ 硝基化合物中硝基的多少，硝基增加而毒性增强，若将卤原子引入硝基化合物中，毒性随着卤原子的数量增加而增强。

④ 硝基在苯环上的位置，如当同一硝基在苯环上位置改变时，其毒性相差数倍，见表 3-39。

表 3-39　毒性物质结构的变化对毒性的影响

名　称	结　构	白鼠半数致死剂量/（mg/kg）
对硫磷	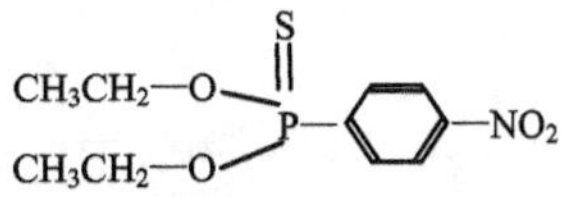 S；$CH_3CH_2—O$；P—；$—NO_2$；$CH_3CH_2—O$	18
邻硝基对硫磷	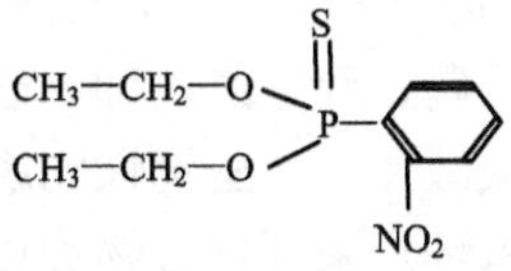 S；$CH_3—CH_2—O$；P—；$CH_3—CH_2—O$；NO_2	50
间硝基对硫磷	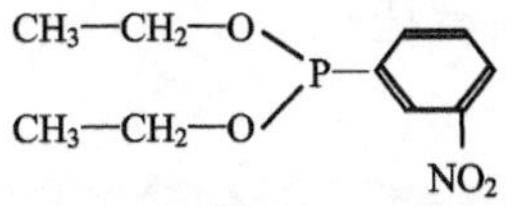 $CH_3—CH_2—O$；P—；$CH_3—CH_2—O$；NO_2	100～150

（2）溶解性　毒性物质在水中的溶解度越大，越容易引起中毒。因为人体内含有大量的水分，易溶于水的毒性物质易被吸收，而且人体内的血液、胃液、淋巴液、细胞液中，除含有大量水分外，还含有酸、脂肪等，一些毒性物质在这些体液中的溶解度比在水中还要大，所以更容易引起中毒。

（3）挥发性　毒性物质的挥发性越强，越容易引起中毒。这是由于毒性物质挥发所产生的有毒蒸气容易通过人的呼吸器官进入体内，形成呼吸道中毒。如汞、溴甲烷等毒性物质的挥发性很强，其挥发的蒸气在空气中的浓度越大，越容易使人中毒。人在一定浓度的有害气体中待的时间越长，越易中毒，且中毒程度越严重。

（4）颗粒度　固体毒性物质的颗粒越细，越容易使人中毒。因为细小粉末容易穿透包装随空气的流动而扩散，特别是包装破损时更易被吸入。不仅如此，而且小颗粒的毒性物质容易被人体组织吸收。例如铅块进入人体后并不会引起中毒，而铅的粉末进入人体后，则易引起中毒。

（5）气温　气温越高则挥发性毒性物质蒸发越快，使毒性蒸气的浓度增大。同时，湿热季节，人的皮肤毛孔扩张，排汗增多，血液循环加快，也容易使人中毒。所以在火场上由于火焰的高温辐射，更须注意防毒。

（二）遇湿易燃性

无机毒性物质中金属的氰化物和硒化物大都本身不燃，但都有遇湿易燃性。如钾、钠、钙、锌、银、汞、钡、铜、镉、铈、铅、镍等金属的氰化物（如氰化钠、氰化钾），遇水或受潮都能放出剧毒且易燃的氰化氢气体；硒化镉、硒化铁、硒化锌、硒化铅、硒粉等硒的化合物，遇酸、高热、酸雾或水能放出易燃且有毒的硒化氢气体。

（三）氧化性

在无机毒性物质中，锑、汞和铅等金属的氧化物大都本身不燃，但都具有氧化性。如五氧化二锑（锑酐）本身不燃，但氧化性很强，380℃时即分解；四氧化铅（红丹）、红降汞（红色氧化汞）、黄降汞（黄色氧化汞）、硝酸铊、硝酸汞、五氧化二钒等，它们本身都不燃，但都是弱氧化剂，在 500℃时分解。当这些毒性物质与可燃物接触后，易引起着火或爆炸，并产生毒性极强的气体。

（四）易燃性

《危险货物品名表》所列出的一千余种毒性物质中，有很多是透明或油状的易燃液体。如溴乙烷闪点低于-20℃，三氟丙酮闪点低于-1℃，三氟醋酸乙酯闪点低于-1℃。卤代醇、酮、醛、酯等有机卤代物，以及有机磷、硫、氯、砷、硅、胺等，都是甲、乙类或丙类液体及可燃粉剂，马拉硫磷等农药是丙类液体。这些毒性物质都具有相当的毒害性，又有一定的易燃性。硝基苯、菲醌等芳香族、稠环及杂环化合物类以及尼古丁等天然有机毒性物质，遇明火都能够燃烧，遇高热分解出有毒气体。

（五）易爆性

毒性物质当中的叠氮化钠，芳香族中 2，4—二硝基的氯化物、萘酚、酚钠等化合物，遇高热、撞击等都可引起爆炸，并分解出有毒气体。如 2，4—二硝基氯化苯，毒性很强，遇明火或受热至 150℃以上有引起爆炸的危险。三碘化砷遇金属钾、钠时，还能形成对撞击敏感的爆炸品。

四、毒性物质的安全管理

（1）仓库安全设施要求　库房要通风散热（15～30℃）、禁火防晒、防雨防潮（湿度<65%，堆垛下垫 20cm 木板）、防盗防失。库区功能规划合理，消防通道畅通，消防水源、消防灭火设施齐全达标。

（2）安全制度要求　管理人员须执证上岗；“五双管理制度”（即双人验收、双人保管、双人发货、双本帐、双把锁）以及值班、交接班、安全巡查等制度必须完善，落实到位。

（3）存放要求　毒性物质要求严格分类，专库储存、专人保管；要包装完整、标志清晰，不得超量储存，不得与食品、饮料、粮食、饲料、日用品等混存混放；不得与氧化剂、酸碱盐类、易燃物、金属粉末等混杂存放。

（4）搬运要求　作业人员应做好个人防护（穿防护服，戴口罩、手套，禁止徒手接触毒品，或戴防毒面具等）；禁止肩扛、背负；严禁饮食、吸烟；作业后应先洗澡、更衣；装卸机械工具应按规定适当降低载量；散落毒物应轻轻收集，及时转移至安全地带处置，不得残留； 剧毒物如氰化氢、氰化钾等仓库着火，禁止用水、泡沫灭火。

（5）运输要求　驾驶员必须执证上岗；须按公安部门批准的行车时间和路线运输；禁止毒性物质与食品、粮食、饮料、日用品等混运；不得与爆炸品、氧化剂、易燃物等混装混运；包装完整、装车完好、安全行车；途中禁止乱停乱放，禁止在车站长时间停放；禁止水路航运。

【案例 9】氰化物中毒事故

某日，某公司丙酮氰醇装置工艺技术员兼设备员郑某安排该厂综合维修队外雇工顾某带领杨某、魏某、范某到丙酮氰醇装置二楼对多年废置的半成品贮罐进行正常清洗。坐在罐顶部检修孔上用绳绑桶从罐底向上打清洗水的顾某和杨某发现从罐内打出的废水有异味后，顾某未采取任何防范措施便进入罐内检查发生中毒，工艺技术员兼设备员郑某得知后，马上戴上长管呼吸器下到罐内救顾某。当郑某用绑桶的绳子系住顾某的腰部后，郑某自己也因中毒倒下。该起氰化物中毒窒息事故共造成 2 人死亡，直接经济损失 10 万元。

【思考与练习】

1．口服毒性半数致死量 LD_{50}、皮肤接触毒性半数致死量 LD_{50} 和吸入毒性半数致死浓度 LC_{50} 的含义是什么？

2．毒性物质的主要危险特性有哪些？

3．导致中毒的途径有哪些？

4．影响毒害性的因素有哪些？

5．根据表 3-40 所列内容，说明毒性物质的安全管理有哪些要求？

表 3-40　几种典型的毒性物质

危险化学品				理化特性					危险特性		消防措施
名称	别称	化学式	编号 GB/CN	性状	LD_{50} /(mg/kg)	溶解性	沸点/℃	熔点/℃	主要	次要	
三氧化二砷	砒霜 白砒	As_2O_3	1561 61007	无臭、无味的白色粉末	小鼠：45 大鼠：138±13	微溶于水，易溶于乙醇、酸、碱、甘油	—	—	剧毒	—	干粉、沙土
氰化钠	山奈	NaCN	1689 61001	白色粉末状结晶	大鼠：15	稍溶于乙醇，易溶于水	—	—	剧毒	燃爆	干粉、沙土，禁用 CO_2
氯化钡	—	$BaCl_2 \cdot 2H_2O$	1564 61021	片状透明结晶	大鼠：150	溶于水	—	—	毒性	—	水、泡沫、沙土
氧化汞	红降汞	HgO	1641 61509	鲜红色粉末	大鼠：630	—	—	—	毒性	—	泡沫、沙土
硝基苯	—	$C_6H_5NO_2$	1662 61056	淡黄色透明油状液体，苦杏仁味	大鼠：640	难溶于水	210.9	87.8	毒性	燃爆	雾状水、泡沫、沙土
多氯联苯	—	$C_{12}H_9Cl$ 或 $C_{12}H_5Cl_5$	2315 61062	黏稠油状液体	大鼠：1000	不溶于水	340～375	195	毒性	燃爆	泡沫、沙土、干粉
苯酚	石碳酸	C_6H_5OH	1671 61067	白色晶体	大鼠：530	溶于乙醇、醚	181.9	79.4	毒性	腐蚀	雾状水、泡沫、沙土
硫酸二甲酯	—	$(CH_3)_2SO_4$	1595 61116	无色或淡黄色透明液体	大鼠：400	—	188	83.3	剧毒	燃爆	泡沫、沙土
2-甲苯酚	邻甲苯酚	$C_6H_4OHCH_3$	2076 61073	近似酚味的白色结晶	大鼠：1350	—	190.8	81.1	毒性	燃爆	雾状水、泡沫、沙土
苯胺 63	氨基苯	$C_6H_5NH_2$	1547 61746	无色或淡黄色油状液体	大鼠：440	微溶于水，能溶于醇、醚	—	—	毒性	—	水、泡沫、沙土

第十节　腐蚀性物质

【学习目标】

1．了解腐蚀性物质的概念。
2．熟悉腐蚀性物质的分类和编号。
3．掌握腐蚀性物质的主要危险特性和安全管理要求。

一、腐蚀性物质的概念

腐蚀性物质是指通过化学作用使生物组织接触时会造成严重损伤、或在渗漏时会严重损害甚至毁坏其他货物或运载工具的物质，其包括满足下列条件之一的物质：

① 使完好皮肤组织在暴露超过60min但不超过4h之后开始的最多14d观察期内全厚度毁损的物质。

② 被判定不引起完好皮肤组织全厚度毁损，但在55℃试验温度下，对钢或铝的表面腐蚀率超过6.25mm/a的物质。

二、腐蚀性物质的分类

根据腐蚀性物质腐蚀作用的机理不同，可分为酸性、碱性、其他3类腐蚀性物质。

（1）酸性腐蚀性物质　如硝酸、发烟硝酸、发烟硫酸、五氯化磷、己酰氯、溴乙酸等均属此类。酸性腐蚀性物质按其化学组成还可分为无机酸性腐蚀性物质和有机酸性腐蚀性物质。无机酸性腐蚀性物质如硝酸、氯磺酸等，有机酸性腐蚀性物质如甲酸、乙酸等。

（2）碱性腐蚀性物质　如氢氧化钠、硫化钠、乙醇钠、二乙醇胺等均属此类。

（3）其他腐蚀性物质　即酸性和碱性都不太明显的腐蚀性物质，如木馏油、含有效氯>5%的次氯酸盐溶液（如次氯酸钠溶液）、甲醛的水溶液等均属此类。

三、腐蚀性物质的主要危险特性

【演示实验10】

在7只分别放有少量蔗糖、白布条、白纸、铝片、铁片、铜片、石头的蒸发皿中滴入浓度为98%的浓硫酸，观察现象。在另外7只分别放有少量蔗糖、白布条、白纸、铝片、铁片、铜片、石头的蒸发皿中滴入浓度为50%的浓硫酸，观察现象。组织学生讨论硫酸的腐蚀性与哪些因素有关。

（一）腐蚀性

当一种物质与其他物质接触时，会使其他物质发生化学变化或电化学变化而受到破坏，这种性质就叫腐蚀性，这是腐蚀性物质的主要危险特性，其特点如下。

1．对人体的伤害

腐蚀性物质的形态有液体和固体两种，当人们直接接触及这些物质后，会引起灼伤或发生破坏性创伤以至溃疡等；当人们吸入这些挥发出来的蒸气或飞扬到空气中的粉尘时，呼吸道黏膜便会受到腐蚀，引起咳嗽、呕吐、头痛等症状。特别是接触氢氟酸时，能发生剧痛，使组织坏死，如不及时治疗，会导致严重后果。人体被腐蚀性物质灼伤后，伤口往往不容易愈合，故在储存、运输过程中，应特别注意加强防护。

2．对有机物质的破坏

腐蚀性物质能夺取木材、衣物、皮革、纸张及其他一些有机物质中的水分，破坏其组织成分，甚至使之碳化。如有时封口不严的浓硫酸坛中进入杂草、木屑等有机物，浅色透明的酸液会变黑就是这个道理。浓度较大的氢氧化钠溶液接触棉质物，特别是接触毛纤维，能使纤维组织受破坏而溶解。这些腐蚀性物质在储运过程中，若渗透或挥发出气体（蒸气）还能腐蚀库房的屋架、门窗和运输工具等。

3．对金属的腐蚀

不论是酸性还是碱性的腐蚀性物质，对金属均能产生不同程度的腐蚀作用。浓硫酸虽然不易与铁发生作用，但当储存日久，吸收空气中的水分后浓度变稀时，也能与铁发生作用，使铁受到腐蚀。又如冰醋酸，有时使用铝桶包装，但储存日久也能引起腐蚀，产生白色的醋酸铝沉淀。有些腐蚀性物质，特别是无机酸类，挥发出来的蒸气对库房建筑物的钢筋、门窗、照明用品、排风设备等金属部件和库房结构的砖瓦、石灰等均能发生腐蚀作用。例如，盐酸、稀硫酸等强酸能和钢铁反应，从而使钢铁制品遭受腐蚀。

$$2HCl+Fe = FeCl_2+H_2\uparrow$$

$$H_2SO_4+Fe = FeSO_4+H_2\uparrow$$

氢氧化钠等强碱能和油脂起皂化反应，因而能灼伤动植物机体。

$$(C_{17}H_{35}COO)_3C_3H_5+3NaOH \longrightarrow 3C_{17}H_{35}COONa+C_3H_5(OH)_3$$

生石灰（氧化钙）具有很强的吸水性，能和水发生反应，生成强碱并产生大量的热，能灼伤皮肤。

$$CaO+H_2O = Ca(OH)_2+Q$$

（二）毒害性

在腐蚀性物质中，有一部分能挥发出具有强烈腐蚀和毒害性的气体。例如，氢氟酸的蒸气在空气中的浓度达到 0.05%～0.025%时，即使短时间接触也是有害的；甲酸蒸气（在空气中的最高允许浓度为 5ppm）、硝酸挥发的二氧化氮气体、发烟硫酸挥发的三氧化硫等，都对人体有相当大的毒害作用。

（三）氧化性

无机腐蚀性物质大都本身不燃，但都具有较强的氧化性，有的还是强氧化剂，与可燃物接触或遇高温时，都有着火或爆炸的危险。如硫酸、浓硫酸、发烟硫酸、三氧化硫、硝酸、发烟硝酸、氯酸（浓度40%左右）、溴素等无机酸性腐蚀性物质，氧化性都很强，与可燃物如甘油、乙醇、木屑、纸张、稻草、纱布等接触，都能氧化自燃而起火。

（四）易燃性

有机腐蚀性物质大都可燃，且有的非常易燃。如有机酸性腐蚀性物质中的溴乙酰，其闪点为 1℃，硫代乙酰闪点<1℃。甲酸、冰醋酸、苯甲酰氯、乙酰氯等遇火易燃，蒸气可形成爆炸性混合物。有机碱性腐蚀性物质甲基肼在空气中可自燃，1，2—丙二胺遇热能分解出有毒的氧化氮气体。其他有机腐蚀性物质如苯酚、甲醛、松焦油、焦油酸、苯硫酚、蒽等，不仅本身可燃，且都能挥发出有刺激性或毒性的气体。

（五）遇水分解易燃性

有些腐蚀性物质，特别是五氯化磷、五氯化锑、五溴化磷、四氯化硅、三溴化硼等多卤化合物，遇水分解、放热、冒烟，产生具有腐蚀性的气体，这些气体遇空气中的水蒸气还可形成酸雾。氯磺酸遇水猛烈分解，可产生大量的热和浓烟，甚至爆炸。无水溴化铝、氧化钙等腐蚀性物质遇水能产生高热，接触可燃物会引起着火。更加危险的是：烷基醇钠类，本身可燃，遇水可引起燃烧；异戊醇钠、氯化硫本身可燃，遇水分解；无水的硫化钠本身可燃，且遇高热、撞击还有爆炸危险。

四、腐蚀性物质的安全管理

1）腐蚀性物质的品种比较复杂，应根据其不同性质，储存于不同的库房。

① 易燃、易挥发的甲酸、溴乙酰等应储存于阴凉、通风的库房。

② 受冻易结冰的冰醋酸、低温易聚合变质的甲醛则应储存于冬暖夏凉的库房。

③ 有机腐蚀性物质储存应远离火源、热源及氧化剂和易燃物品。

④ 五氧化二磷、三氯化铝等能水解的腐蚀性物质应储存在干燥的库房内，严禁进水。

⑤ 漂白粉、次氯酸钠溶液等应避免阳光照射。

⑥ 含磷腐蚀性物质应与酸类分开储存。

⑦ 氧化性腐蚀性物质应远离易燃物品等。

2）储存容器必须按不同的腐蚀性合理使用。盐酸可用耐酸陶坛；硝酸应使用铝制容器；磷酸、冰醋酸、氢氟酸可用塑料容器；浓硫酸、烧碱、液碱可用铁制容器，但不可用镀锌铁桶。只要容器合适，硫酸、硝酸、盐酸及烧碱均可储存于一个货棚内。

3）在储运中应特别注意防止酸类与氰化物、遇水放出易燃气体的物质、氧化性物质等混储混运。

4）装卸搬运时，操作人员应穿戴防护用品，作业时轻拿轻放，禁止肩扛、背负、翻滚、碰撞、拖拉。在装卸现场应备有救护物品和药水，如清水、苏打水和稀硼酸水等，以备急需。

5）船运时，强酸性腐蚀性物质应尽量配装在甲板上，捆扎牢固。冬季运输时，怕冻的腐蚀性物质应装在舱内。

【案例 10】浓硫酸泄漏事故

2013 年 3 月 1 日 15 时许，辽宁省朝阳市建平县义成功乡房申村一私营企业 5 名焊工在硫酸储罐进行加固焊接作业时，罐体突然发生爆裂，罐内约 2.6 万吨硫酸瞬间泄漏，流入附近农田、林地、河床及附近高速公路涵洞，事故造成 7 人（5 名焊工、1 名会计、1 名司机）死亡。由于当时是 3 月份，地面上的草大部分呈现枯黄色，只有一部分露出绿芽，但是硫酸经过的地方，草木都已经是黑色的，呈现木炭状，树木由于吸入了硫酸在距离地面半米的距离都显示出了黑色，泄漏的硫酸大片地流淌在地面上，含有坚硬冻土的土地经过硫酸的浸泡变得十分松软，形成了“硫酸泥潭”，并引发较严重的次生环境灾害，造成直接经济损失 1210 万元。

【思考与练习】

1. 什么是腐蚀性物质？
2. 腐蚀性物质可如何分类？
3. 腐蚀性物质的主要危险特性有哪些？
4. 根据表 3-41 所列内容，说明腐蚀性物质的安全管理有哪些要求？

表 3-41 几种常见的腐蚀性物质

危险化学品				理化特性				危险特性		消防措施
名称	别 称	化学式	编号 GB/CN	性状	溶解性	熔点/℃	沸点/℃	主要	次要	
三氯化铝（无水）	—	$AlCl_3$	1726 81045	白色粉末或颗粒，有盐酸气味	易溶于水、醇、四氯化碳	190～194	182.7（升华）	腐蚀性	—	干砂、泥土
四氯化钛	—	$TiCl_4$	1838 8105	无色或微黄色液体	能溶于稀盐酸	-30	136.4	腐蚀性	毒性	干砂、干石粉
五氯化磷	—	PCl_5	1806 81042	淡黄色结晶	溶于二硫化碳	148	—	腐蚀性	毒性	干砂、干石粉
氯磺酸	—	$ClSO_3H$	1754 81023	无色半油状液体，暴露在空气中即发烟	—	-80	151	腐蚀性	燃爆	沙土、二氧化碳
硫酸	—	H_2SO_4	1830 81007	无色透明油状液体	溶于水	—	—	腐蚀性	毒性	干砂、二氧化碳
甲酸	—	HCOOH	1779 81101	无色发烟液体，有刺激性臭味	与水、醇混溶	—	100.8	腐蚀性	燃爆	雾状水、沙土、二氧化碳
氢氧化钠（s）	烧碱、苛性钠	NaOH	1823 82001	白色易潮解的固体	溶于水	318.4	1390	腐蚀性	—	水
氧化钠	—	Na_2O	1825 82006	白色无定形片状或粉末	溶于水	—	—	腐蚀性	—	干粉、沙土
甲醛溶液（≥25%）	福尔马林	HCHO	2209 83012	有刺激性气味	溶于水	—	—	燃爆	—	雾状水、抗溶性泡沫、二氧化碳
苯酚钠	—	$NaOC_6H_5$	83012	白色潮解针状晶体	溶于水、乙醇	—	—	腐蚀性	—	雾状水、泡沫、二氧化碳

第四章　危险化学品的包装与安全信息

严格按国家法律、法规和规章制度对危险化学品实施包装是保证危险化学品运输、储存、使用安全的重要基础，也是危险化学品发生事故时获取其危险特性、理化性质、处置方式和手段的重要途径。本章主要对危险化学品的包装要求、标志和标签所包含的信息、安全技术说明书、气瓶包装等情况进行阐述，让学习者掌握常见危险化学品的包装与安全信息，以便做好危险化学品的消防监督和应急救援工作。

第一节　危险化学品的包装

【学习目标】

1. 了解危险化学品包装的作用、分类和安全要求。
2. 熟悉危险化学品包装的标记代号。

一、危险化学品的包装及其作用

危险化学品的包装是指以保障运输、储存安全为主要目的，根据危险化学品的性质、特点，按国家有关法规、标准，专门设计制造的包装物、容器和采取的防护技术，主要起到安全保护和方便储运的作用。包装的具体作用包括：

① 防止危险化学品因接触雨、雪、阳光、潮湿空气和杂质，发生变质或剧烈的化学变化而发生事故。

② 防止危险化学品因撒漏、挥发或性质相互抵触的直接接触而发生事故。

③ 减少危险化学品在储运过程中所受的摩擦、撞击或挤压，使其在包装的保护下处于完整和相对稳定的状态。

④ 便于危险化学品的装卸、搬运和储存保管，从而保证安全储运。

二、包装的分类

危险化学品种类繁多，外形、性能、结构等各方面都各有差别，在流通中的实际需要也不同，所以对包装的要求也就不同，因而对包装的分类方法也不同。

（一）按包装的作用分类

1．内包装

内包装指和物品一起配装才能出厂的小型包装容器，如硫酸玻璃瓶、打火机丁烷气罐等包装，是随同物品一起出售的。

2．中包装

中包装指在内包装之外，再加1～2层包装物的包装，如20盒火柴集成的方形纸盒等就属于中包装，此类包装很多是随同物品一起出售的。

3．外包装

外包装指比内包装、中包装在体积上大得多的包装容器，又称运输包装或储运包装，在流通过程中主要用来保护物品安全，方便装卸、运输、储存和计量，如爆炸品专用箱等。

（二）按包装的用途分类

1．专用包装

专用包装指只能用于某一种物品的包装，如易挥发的汽油采用的密封铁桶包装，硝酸、硫酸采用的耐酸陶瓷坛（瓶）包装等。

2．通用包装

通用包装指适宜盛装多种物品的包装，如玻璃瓶之类。

（三）按包装的容器类型分类

1．桶、罐类

按制作材质的不同，桶可分为钢桶、铝桶、胶合板桶、木琵琶桶、硬质纤维板桶、硬纸板桶、塑料桶等。

2．箱类

按制作材质的不同，箱可分为木箱、胶合板箱、再生木板箱、硬纸板箱、瓦楞纸箱、钙塑板箱、金属箱等。

3．袋类

按制作材质的不同，袋可分为塑料编织袋、纸袋等。

4．坛、瓶类

按制作材质的不同，坛、瓶可分为陶瓷坛、玻璃瓶、塑料瓶等。

5．筐、篓类

按制作材质的不同，筐、篓可分为竹筐、柳筐、藤篓等。

（四）按包装的组合类型分类

1．单一包装

单一包装指没有内外包装之分，只用一种材质制作的独立包装。这种包装主要是专业包装，如汽油桶、乙炔钢瓶等。

2．组合包装

组合包装指由一个以上内包装合装在一个外包装内而组成一个整体的包装，如乙醇玻璃瓶用木箱为外包装的组合包装。

3．复合包装

复合包装指由一个外包装和一个内容器组成一个整体的包装，如内包装为塑料容器，外包装为钢桶而组成的一个整体的包装。

（五）按内装物品的危险程度分类

1．Ⅰ类包装

Ⅰ类包装适用内装危险性较大的危险化学品，包装强度要求高。

2．Ⅱ类包装

Ⅱ类包装适用内装危险性中等的危险化学品，包装强度要求较高。

3．Ⅲ类包装

Ⅲ类包装适用内装危险性较小的危险化学品，包装强度要求一般。

三、包装的安全要求

根据危险化学品的特性和储运的特点，危险化学品包装应符合下列基本要求。

① 包装应结构合理，并具有足够强度，防护性能好。包装的材质、形式、规格、方法和内装货物重量应与所装危险化学品的性质和用途相适应，便于装卸、运输和储存。

② 包装应质量良好，其构造和封闭形式应能承受正常运输条件下的各种作业风险，不应因温度、湿度或压力的变化而发生任何渗（撒）漏。包装表面应清洁，不允许黏附有害的危险物质。

③ 包装与内装物直接接触部分，必要时应有内涂层或进行防护处理，运输包装材质不应与内装物发生化学反应而形成危险产物或导致削弱包装强度。

④ 内容器应予固定。如内容器易碎且盛装易撒漏货物，应使用与内装物性质相适应的衬垫材料或吸附材料衬垫妥实。

⑤ 盛装液体的容器，应能经受在正常运输条件下产生的内部压力。灌装时应留有足够的膨胀余量（预留容积）。除另有规定外，应保证在温度 55℃时内装液体不致完全充满容器。

⑥ 包装封口应根据内装物性质采用严密封口、液密封口或气密封口。

⑦ 盛装需浸湿或加有稳定剂的物质时，其容器封闭形式应能有效地保证内装液体（水、溶剂和稳定剂）的百分比，在储运期间保持在规定的范围以内。

⑧ 包装有降压装置时，其排气孔设计和安装应能防止内装物泄漏和外界杂质进入，排出的气体量不应造成危险和污染环境。

⑨ 复合包装的内容器和外包装应紧密贴合，外包装不应有擦伤内容器的凸出物。

⑩ 包装的最大容积和最大净质量不超过《危险货物运输包装通用技术条件》（GB 12463—2009）的规定，见表 4-1。

表 4-1　各种危险化学品包装允许的最大容积与最大净质量

类　别	包装形式	最大包装容积/L	最大净质量/kg
桶罐类	钢桶	250	400
	铝桶	250	400
	钢罐	60	120
	胶合板桶	250	400
	木琵琶桶	250	400
	硬质纤维板桶	250	400
	硬纸板桶	250	400
	塑料桶	250	250
	塑料罐	60	120
箱类	木箱	—	400
	胶合板箱	—	400
	再生木板箱	—	400
	硬纸板箱、瓦楞纸箱、钙塑板箱	—	60
	金属箱	—	400
袋类	塑料编织袋	—	50
	纸袋	—	50
坛类	陶瓷坛、玻璃瓶	32	50
筐、篓类	竹筐、柳筐、藤篓	—	50

四、包装的标记代号

（一）包装类别的标记代号

包装类别的标记代号用下列小写英文字母表示：

x——符合Ⅰ、Ⅱ、Ⅲ类包装要求。

y——符合Ⅱ、Ⅲ类包装要求。

z——符合Ⅲ类包装要求。

（二）包装容器的标记代号

包装容器的标记代号用阿拉伯数字 1～9 表示，见表 4-2。

表 4-2　包装容器的标记代号

表示数字	包装容器	表示数字	包装容器
1	桶	6	复合包装
2	木琵琶桶	7	压力容器
3	罐	8	筐、篓
4	箱、盒	9	瓶、坛
5	袋、软管	—	—

（三）包装容器的材质标记代号

包装容器的材质标记代号用大写英文字母表示，见表 4-3。

表 4-3 包装容器的材质标记代号

表示字母	包装容器的材质	表示字母	包装容器的材质
A	钢	H	塑料材料
B	铝	L	编织材料
C	天然木	M	多层纸
D	胶合板	N	金属（钢、铝除外）
F	再生木板（锯末板）	P	玻璃、陶瓷
G	硬质纤维板、硬纸板、瓦楞纸板、钙塑板	K	柳条、荆条、藤条及竹篾

（四）包装件组合类型的标记代号

包装件的组合类型有单一包装、组合包装和复合包装 3 种，所以其标记代号的表示方法也依包装的组合类型而不同。

1．单一包装

单一包装型号由 1 个阿拉伯数字和 1 个英文字母组成，分别表示包装容器的类型和材质。如果英文字母右下方有阿拉伯数字，则代表同一类型包装容器不同开口的型号。

例如，1A——表示钢桶。

2C——表示木琵琶桶。

4G——表示纸箱。

$1A_1$——表示小开口钢桶。

$1A_2$——表示中开口钢桶。

$1A_3$——表示全开口钢桶。

$1N_3$——表示全开口金属桶。

$4C_1$——表示满板木箱。

$5H_4$——表示塑料袋。

$9P_1$——表示玻璃瓶。

2．组合包装

组合包装型号由若干单一包装型号组成，从左至右分别表示外包装和内包装、多层包装，以此类推。

例如，$1A_25H_4$——表示外包装为中开口钢桶、内包装为塑料袋的组合包装；$4C_11N_39P_1$——表示外包装为满板木箱、中包装为金属桶、内包装为螺纹口玻璃瓶的组合包装。

3．复合包装

复合包装型号由一个表示复合包装的阿拉伯数字“6”和一组表示包装材质和包装形

式的字符组成。这组字符为两个大写英文字母和一个阿拉伯数字。第一个英文字母表示内包装的材质，第二个英文字母表示外包装的材质，最后一个（右边）阿拉伯数字表示包装形式。

例如，6HA1——表示内包装为塑料容器，外包装为钢桶的复合包装。

（五）其他标记代号

其他标记代号用下列英文字母表示：

S——表示拟装固体的包装标记。

L——表示拟装液体的包装标记。

R——表示修复后的包装标记。

Ⓖ——表示符合国家标准要求。

ⓤ——表示符合联合国规定的要求。

例如，新钢桶的标记代号：

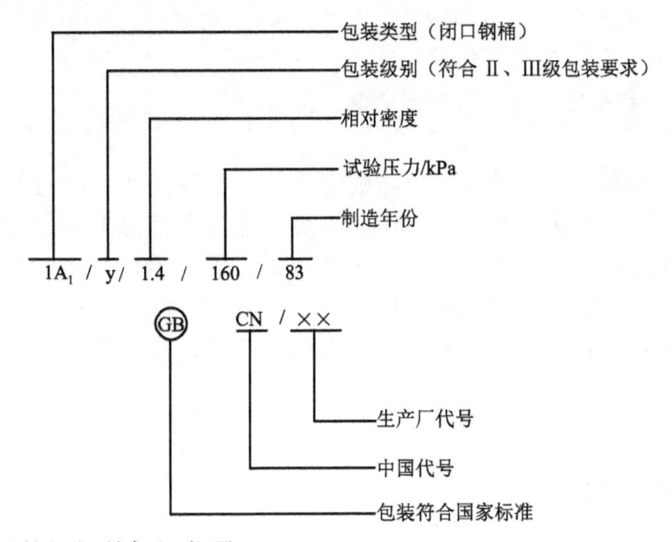

又如，修复后的钢桶的标记代号：

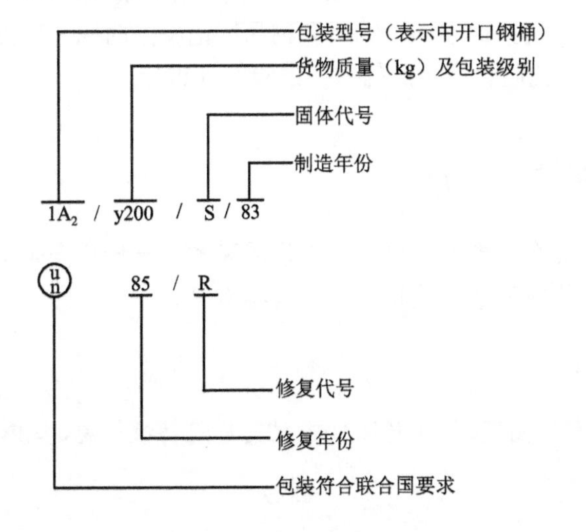

【思考与练习】

1．危险化学品的包装有何作用？

2．危险化学品的包装如何分类？按内装物品的危险程度，包装可分为几个类别？其分别代表的含义是什么？

3．危险化学品包装的安全要求有哪些？

4．危险化学品包装的标记代号包括哪几项？有一危险化学品包装的标记代号为6HA1/y200/1.6/180/08/ⒼⒷ/11/R，其代表什么含义？

第二节　危险化学品的包装标志

【学习目标】

1．了解危险化学品包装标志的形状、尺寸和使用规定。
2．熟悉危险化学品包装标志的分类。
3．掌握危险化学品包装标志的安全信息。

危险化学品的包装标志是通过图案、数字符号、文字说明、颜色等，鲜明、形象地表征危险化学品的危险特性和类别，向作业人员传递安全信息的警示性资料，促使作业人员时刻提高警惕，防止发生危险，一旦发生事故，便于及时采取正确措施进行施救。2009年6月21日，《危险货物包装标志》（GB 190—2009）发布，并于2010年5月1日正式实施，对危险化学品包装标志的分类图形、尺寸、颜色及使用方法等进行了明确规定。

一、包装标志的分类

根据《危险货物包装标志》（GB 190—2009）的规定，标志分为标记和标签两类。其中，标记有3种共4个图形，包括危害环境物质和物品标记、方向标记和高温运输标记；标签有18种共26个图形，对9类危险化学品的主要危险特性进行了标示。

二、包装标志的安全信息

包装标志主要通过图案、数字符号、文字说明和颜色来传递安全信息，十分形象直观，能一目了然地反映危险化学品的危险特性和类别等信息。

（一）图案信息

包装标志中共有10种图案，标示危险化学品的危险特性信息，具体的图案信息见表4-4。

表 4-4　包装标志的图案信息

序　号	图　案	信　息	序　号	图　案	信　息
1		环境危害	6		助燃危害
2		高温危害	7		毒性危害
3		爆炸危害	8		感染危害
4		高压危害	9		放射危害
5		燃烧危害	10		腐蚀危害

（二）数字符号信息

在包装标志的 9 类危险化学品 18 种标签共 26 个图形中，下半部分都用数字标示了危险化学品的类别或项号，在第 1 类爆炸品的 1.4、1.5、1.6 项标签中，图形的上半部分用数字标示了项别；在第 1 类爆炸品的 4 个标签图形的下半部分，标示了配装组字母符号；在第 7 类放射性物质的 3 个标签图形的下半部分，分别用 1 至 3 条红竖线标示放射性物质的分级。在包装标志的第 2 个标记图形中，用向上的箭头标示了货物的放置方向。

（三）文字信息

在包装标志的第 7 类放射性物质和裂变性物质的 4 个标签图形中，用文字对放射性物质的危险性、内装物、放射性强度、运输指数和裂变性物质的危险性、临界安全指数等信息进行了说明。

（四）颜色信息

在包装标志中，采用不同颜色的底色对不同的危害性进行标示，见表 4-5。

表 4-5　包装标志不同颜色的底色标示的危害性

包装标志的底色	标示的危害性
正红色	燃烧危害
橙红色	爆炸危害
柠檬黄色	助燃危害
黄色	放射性危害
蓝色	遇水反应放出易燃气体的危害
绿色	不燃无毒的高压危害
白色	毒性、感染、裂变、腐蚀等其他危害

三、包装标志的形状和尺寸

包装标志的形状有 3 种。其中：

方向标记为长方形，大小应与包装件的大小相适应，清晰可见，围绕箭头的长方形边框可以任意选择。

高温运输标记为三角形，每边至少有 250mm。

其他标记和标签为正菱形，标签上沿着边缘有一条颜色与符号相同、距边缘 5mm 的线，尺寸一般分为 4 种，见表 4-6。

表 4-6　包装标志的尺寸

尺寸号别	长/mm	宽/mm
1	50	50
2	100	100
3	150	150
4	250	250

注：如遇特大或特小的运输包装件，标志的尺寸可按规定适当扩大或缩小。

四、包装标志的使用

（一）基本要求

① 标记应采用标打的方式；标签应采用粘贴的方式，当包装件形状不规则或尺寸太小时，也可用结牢的签条或其他装置挂在包装件上。

② 包装标志应与正式运输名称及相应编号相互靠近地标示在包装件的同一表面。如果是无包装物品，则应标示在物品上、其托架上或者其装卸、储存或发射装置上。

③ 容量超过 450L 的中型散货集装箱和大型容器，应在相对的两面进行标示。

④ 包装标志的标示位置应明显可见而且易读，不会被容器任何部分或配件或任何其他标签、标记盖住或遮住。

⑤ 包装标志应标示在反衬底色上，应能够经受风吹雨打日晒，而不明显降低其效果。

（二）标记的使用

1．危害环境物质和物品标记的使用要求

除了装载液体容量≤5L 或固体容量≤5kg 以外，其他装有危害环境物质或物品的包装件，应耐久地标上危害环境物质和物品标记。对于运输装置，其最小尺寸应为 250mm×250mm。

2．方向标记的使用规定

内容器装有液态危险货物的组合容器、配有通风口的单一容器或拟装运冷冻液化气体的开口低温贮器，应清楚地标上方向标记，方向箭头应标在包装件相对的两个垂直面上，箭头

显示正确的朝上方向。

3．高温运输标记的使用规定

运输装置运输或提交运输时，如装有温度不低于 100℃的液态物质或温度不低于 240℃的固态物质，应在其每一侧面和每一端面标示高温运输标记。

（三）标签的使用

① 应根据内装危险货物的危险性分类，用彼此紧挨着的主副标签分别标示其主要危险性和次要危险性。“爆炸品”次要危险性标签应使用带有爆炸图案的标签。

② 放射性物质的标签应贴在包装件外部两个相对的侧面上或货物集装箱外部的所有 4 个侧面上。

③ 气瓶的标签可根据其形状、放置方向和运输固定装置进行粘贴，但在任何情况下表明主要危险性的标签和任何标签上的编号均应完全可见，符号易于辨认。

【思考与练习】

1．危险化学品包装标志如何分类？其形状和尺寸有何规定？

2．通过危险化学品包装标志，可获得哪些安全信息？

3．危险化学品包装标志的使用有哪些规定？

第三节　危险化学品安全标签

【学习目标】

1．了解危险化学品安全标签的制作和应用。

2．熟悉危险化学品安全标签的内容。

危险化学品安全标签是指危险化学品在市场上流通时由生产销售单位提供的附在化学品包装上的标签，它用一组文字、象形图和编码标示化学品所具有的危险性和安全注意事项，以警示作业人员进行安全操作和处置。2009 年 6 月 21 日，《化学品安全标签编写规定》（GB 15258—2009）发布，并于 2010 年 5 月 1 日正式实施，对危险化学品安全标签的内容、制作和使用要求进行了明确规定。

一、安全标签的内容

危险化学品的安全标签包括化学品标志、象形图、信号词、危险性说明、防范说明、应急咨询电话、供应商标志、资料参阅提示词共 8 项内容，每一项内容的具体要求参见《化学品安全标签编写规定》（GB 15258—2009）。危险化学品安全标签的样例如图 4-1 所示。

化学品名称　A 组分：40%；B 组分：60%

危　险

极易燃液体和蒸气，食入致死，对水生生物毒性非常大

【预防措施】

- 远离热源、火花、明火、热表面。使用不产生火花的工具作业。
- 保持容器密闭。
- 采取防止静电措施，容器和接收设备接地、连接。
- 使用防爆电器、通风、照明及其他设备。戴防护手套、防护眼镜、防护面罩。
- 操作后彻底清洗身体接触部位。
- 作业场所不得进食、饮水和吸烟。
- 禁止排入环境。

【事故响应】

- 如皮肤（或头发）接触：立即脱掉所有被污染的衣服。用水冲洗皮肤、淋浴。
- 食入：催吐，立即就医。
- 收集泄漏物。
- 火灾时，使用干粉、泡沫、二氧化碳灭火。

【安全储存】

- 在阴凉、通风良好处储存。
- 上锁保管。

【废弃处置】

- 本品或其容器采用焚烧法处置。

请参阅化学品安全技术说明书

供应商：××××××××××××××××××××××　电话：××××××

地　址：××××××××××××××××××××××　邮编：××××××

化学事故应急咨询电话：××××××

图 4-1　危险化学品安全标签样例

对于小于或等于 100mL 的危险化学品小包装，可以使用简化标签，内容包括化学品标识、象形图、信号词、危险性说明、应急咨询电话、供应商名称及联系电话、资料参阅提示语共 7 项。简化标签样例如图 4-2 所示。

化学品名称

危　险

极易燃液体和蒸气，食入致死，
对水生生物毒性非常大

请参阅化学品安全技术说明书

供应商：××××××××××××××××××××　电话：××××××

化学事故应急咨询电话：××××××

图 4-2　简化标签样例

二、安全标签的制作

（一）编写

标签正文应使用简捷、明了、易于理解、规范的汉字表述，也可以同时使用少数民族文字或外文，但意义必须与汉字相对应，字形应小于汉字。相同的含义应用相同的文字或图形表示。

当某种化学品有新的信息发现时，标签应及时修订。

（二）颜色

标签内象形图的颜色根据 GB 30000.2～GB 30000.29 的规定执行，一般使用黑色图形符号加白色背景，方块边框为红色，若在国内使用，方块边框可以为黑色。正文应使用与底色反差明显的颜色，一般采用黑白色。

（三）尺寸

对不同容量的容器或包装，安全标签最小尺寸见表 4-7。

表 4-7　安全标签的最小尺寸

容器或包装容积 V/L	标签尺寸/（mm×mm）
$V\leqslant 0.1$	使用简化标签
$0.1<V\leqslant 3$	50×75
$3<V\leqslant 50$	75×100
$50<V\leqslant 500$	100×150
$500<V\leqslant 1000$	150×200
$V>1000$	200×300

（四）印刷

① 标签的边缘要加上一个黑色边框，边框外应留大于或等于 3mm 的空白，边框宽度大于或等于 1mm。

② 象形图必须从较远的距离，以及在烟雾条件下或容器部分模糊不清的条件下也能看到。

③ 标签的印刷应清晰，所使用的印刷材料和胶粘材料应具有耐用性和防水性。

三、安全标签的应用

（一）使用方法

① 安全标签应粘贴、挂拴或喷印在化学品包装或容器的明显位置。

② 当与运输标志组合使用时，运输标志可以放在安全标签的另一版面，将之与其他信息分开，也可放在包装上靠近安全标签的位置。在后一种情况下，若安全标签中的象形图与运输标志重复，安全标签中的象形图应删除。

③ 对组合容器，要求内包装加贴（挂）安全标签，外包装上加贴运输象形图，如果不需要运输标志可以加贴安全标签。

（二）位置

安全标签的粘贴、喷印位置规定如下：

① 桶、瓶形包装：位于桶、瓶侧身。

② 箱状包装：位于包装端面或侧面明显处。

③ 袋、捆包装：位于包装明显处。

（三）使用注意事项

① 安全标签的粘贴、挂拴或喷印应牢固，保证在运输、储存期间不脱落、不损坏。

② 安全标签应由生产企业在货物出厂前粘贴、挂拴或喷印。若要改换包装，则由改换包装单位重新粘贴、挂拴或喷印标签。

③ 盛装危险化学品的容器或包装，在经过处理并确认其危险性完全消除之后，方可撕下安全标签，否则不能撕下相应的标签。

【思考与练习】

1．通过危险化学品的安全标签，可以获得哪些信息？

2．危险化学品安全标签的制作有哪些要求？

3．危险化学品安全标签的应用有哪些要求？

第四节　危险化学品安全技术说明书

【学习目标】

1．了解化学品安全技术说明书的作用和编写使用要求。

2．熟悉化学品安全技术说明书的内容。

化学品安全技术说明书（SDS），在一些国家又被称为物质安全技术说明书（MSDS），是一份供应商向下游用户提供危险化学品在安全、健康和环境保护等方面的基本危害信息，以及防护措施和紧急应对措施的综合性文件。2008 年 6 月 18 日，《化学品安全技术说明书内容和项目顺序》（GB/T 16483—2008）发布，并于 2009 年 2 月 1 日正式实施，对安全技术说明书的结构、内容和通用形式进行了明确规定。

一、安全技术说明书的作用

安全技术说明书作为最基础的技术文件，主要用途是传递安全信息，其主要作用体现在以下几点。

① 是危险化学品安全生产、安全流通、安全使用的指导性文件。

② 是危险化学品发生事故时进行应急作业的技术指南。

③ 为危险化学品生产、处置、储存和使用各环节制订安全操作规程提供技术信息。

④ 是危险化学品登记注册的主要基础文件。

⑤ 是获取危险化学品安全信息的主要参考资料。

⑥ 是企业安全生产教育的主要内容。

二、安全技术说明书的内容

安全技术说明书按照下面 16 个部分提供危险化学品的信息：①化学品及企业标志；②危险性概述；③成分/组成信息；④急救措施；⑤消防措施；⑥泄漏应急处理；⑦操作处置与储存；⑧接触控制和个体防护；⑨理化特性；⑩稳定性和反应性；⑪毒理学信息；⑫生态学信息；⑬废弃处置；⑭运输信息；⑮法规信息；⑯其他信息。

每部分的标题、编号和前后顺序不应随意变更。为方便识别不同化学品的安全技术说明书，安全技术说明书应设定编号。

三、安全技术说明书的编写和使用

（一）编写

危险化学品安全技术说明书由生产企业负责编写，并及时提供给使用、经营单位。

① 作为对用户的一种服务，生产企业必须编写符合规定的安全技术说明书，全面详细地向用户提供有关危险化学品的安全卫生信息。

② 总体上一种化学品应编制一份安全技术说明书。当化学品是混合物时，编制和提供混合物的安全技术说明书即可，没有必要编制每个相关组分单独的安全技术说明书。当某种成分的信息不可缺少时，应提供该成分的安全技术说明书。

③ 编写的安全技术说明书应简明、扼要、通俗易懂，确保接触危险化学品的作业人员能方便地进行查阅，并能正确掌握安全使用、储存和处理的作业程序和方法。

④ 在紧急事态下，生产企业有责任向医生提供涉及商业秘密的有关医疗信息。

⑤ 生产企业应对安全技术说明书进行定期更新（每 5 年），对新发现的危险信息及时增补。

（二）使用

作为危险化学品的使用用户，应做到：

① 向生产企业索取全套的最新的安全技术说明书。

② 使用安全技术说明书时，应针对实际应用情况和掌握的信息，及时补充新的内容，并注明日期。

③ 若有内容增补，应及时向生产企业提供增补内容的详细资料，以便更新安全技术说明书时作为参考。

作为危险化学品的经营、销售单位，应做到：

① 经营和销售的危险化学品必须具备最新版的安全技术说明书，并随化学品的出售一并提供给用户。

② 经营进口危险化学品的单位，应负责向供应单位索取最新的中文安全技术说明书，随

商品提供给用户。

四、安全技术说明书的编写实例

为了说明安全技术说明书的编写方法，以甲苯为例给出编写实例。该实例并不是安全技术说明书的编写样本，仅供学习者参考。

化学品安全技术说明书（甲苯）

第一部分　化学品及企业标志

化学品中文名称：甲苯

化学品俗名或商品名：甲基苯；苯基甲烷。

化学品英文名称：Toluene；Methylbenzene；Toluol。

企业名称：××××××。

地址：××××××。

邮编：××××××。

电子邮件地址：××××××。

传真号码：（国家或地区代码）（区号）（电话号码）。

企业应急电话：（国家或地区代码）（区号）（电话号码）。

技术说明书编号：×××。

生效日期：××××年×月×日。

第二部分　危险性概述

危险性类别：第3类　易燃液体。

侵入途径：该物质可通过吸入，经皮肤和食入吸收到体内。

健康危害：

急性：

吸入：咳嗽、咽喉痛、头晕、嗜睡、头痛、恶心、神智不清。

皮肤：皮肤干燥、发红。

眼睛：发红、疼痛。

食入：灼烧感、腹部疼痛。

慢性：该物质刺激眼睛和呼吸道。该物质可能对中枢神经系统有影响。吞咽液体可能吸入肺中，有化学肺炎的危险。高浓度接触可能导致心脏节律障碍和神志不清。液体使皮肤脱脂。接触该物质可能加重因噪声引起的听力损害。动物实验表明，该物质可能造成人类生殖或发育毒性。

致癌性：无致癌性。

环境危害：该物质对水生生物有毒。

爆炸危险：高度易燃。蒸气/空气混合物有爆炸性。

第三部分　成分/组分信息

纯品　☑　混合物　☐

化学品名称：甲苯

有害成分	含量	CAS No
甲苯	100%	108-88-3

相对分子质量：92.1。

分子式：$C_6H_5CH_3/C_7H_8$。

第四部分　急救措施

皮肤接触：脱去污染的衣服。冲洗，然后用水和肥皂清洗皮肤。进行医疗护理。

眼睛接触：先用大量流动清水或者生理盐水冲洗几分钟，然后就医。

吸入：呼吸新鲜空气，休息。进行医疗护理。

食入：漱口。不要催吐。进行医疗护理。

第五部分　消防措施

危险特性：高度易燃。蒸气与空气充分混合，容易形成爆炸性混合物。由于流动、搅拌等，可产生静电。与强氧化剂剧烈反应，有着火和爆炸的危险。

美国消防协会法规：H12（健康危险性）；F3（火灾危险性）；RO（反应危险性）。

有害燃烧产物：一氧化碳和二氧化碳。

灭火方法及灭火剂：干粉、水成膜泡沫、泡沫、二氧化碳。

灭火注意事项：着火时，喷雾状的水保持料桶的冷却。

第六部分　泄漏应急处理

应急处理：大量泄漏时，撤离危险区域。大量泄漏时，向专家咨询。转移全部引燃源，通风（个人防护用具：自给式呼吸器）。

消除方法：将泄漏液收集在可密闭的容器中。用沙土或惰性吸收剂吸收到安全场所。不要冲入下水道。不要让该化学品进入环境。

第七部分　操作处置与储存

操作注意事项：禁止明火，禁止火花，禁止吸烟。防止静电荷积聚（如通过接地）。不要使用压缩空气灌装、卸料或转运。使用无火花工具。严格作业环境管理。避免孕妇接触。

储存注意事项：耐火设备（条件），与强氧化剂分开存放。

第八部分　接触控制和个体防护

最高容许浓度：中国时间加权平均最高容许浓度（8h）；$50mg/m^3$（皮）。

短时间接触容许浓度（15min）；$100\ mg/m^3$（皮）。

检测方法：气相色谱法。

工程控制：密闭系统、通风、防爆型电气设备和照明。

呼吸防护：通风，局部排气通风或呼吸防护。

眼睛防护：安全护目镜。

身体防护：防护服。

手防护：防护手套。

其他防护：工作时不得进食、饮水和吸烟。

第九部分　理化性质

外观与性状：无色液体，有特殊气味。

pH 值：无数据。

熔点：–95℃。　　　　　　　　　　相对密度（水=1）：0.87。

沸点：111℃。　　　　　　　　　　蒸气相对密度（空气=1）：3.1。

饱和蒸气压：25℃时 3.8kPa。　　　燃烧热（kJ/mol）：无数据。

临界温度：319℃。　　　　　　　　临界压力：596.1Pa。

辛酸/水分配系数的对数值：2.69。

闪点：4℃（闭杯）。　　　　　　　爆炸上限：7.1%（体积分数）。

引燃温度：480℃。　　　　　　　　爆炸下限：1.1%（体积分数）。

溶解性：不溶于水。与氯仿、丙酮等混溶。溶于乙醇、乙醚、苯等。

主要用途：高辛烷值汽油添加剂，有机化工原料和中间体。

其他理化性质：蒸发速率>1（乙酸丁酯=1）。

第十部分　稳定性和反应性

稳定性：稳定。

禁配物：强氧化剂。

避免接触的条件：禁止明火，禁止火花，禁止吸烟。防止静电荷积聚（如通过接地）。

聚合危险：不聚合。

分解产物：二氧化碳。辛酸、刺激性烟雾。

第十一部分　毒理学信息

急性毒性：LD_{50}：636mg/kg（大鼠经口）；

LD_{50}：2250mg/kg（小鼠经皮下）；

LC_{50}：49g/m^3（大鼠吸入）。

亚急性和慢性毒性：该物质可能对中枢神经系统有影响。如果吞咽液体吸入肺中，可能发生化学肺炎。高浓度接触可能导致心脏节律障碍和神志不清。接触该物质可能加重因噪声引起的听力损害。

刺激性：该物质刺激眼睛和呼吸道。液体使皮肤脱脂。

致敏性：无数据。

致突变性：大鼠 DNA 损伤；细胞种类：肝脏；剂量：30μmol/L。

细胞遗传学分析：大鼠吸入，5400μg/m^3，16 周（间歇）。

致畸性：动物实验表明，该物质可能造成人类生殖或发育毒性。

大鼠经口，剂量：7280mg/kg；接触时间：雌性怀孕 1～8 天用药；胚胎或胎儿作用：胎儿毒性，肌骨系统发育异常。

致癌性：国际癌症研究中心（IARC） 第 3 类（不能分类为人类致癌物）。

美国政府工业卫生学家协会（ACGIH） 第 4 类（不能分类为人类致癌物）。

其他：无数据。

第十二部分　生态学信息

生态毒性：该物质对水生生物是有毒的。LC_{50}：277～485g/L（96h，赤鲈鱼）。

生物降解性：BOD　112%～129%。

非生物降解性：在常温下，甲苯在水中和土壤中不会明显水解。释放到大气中，会发生光化学反应而分解（生成羰基自由基，半衰期3h～1d）。

生物富集或生物积累性：BCF 13.2（鳗鲡）。

其他有害作用：无数据。

第十三部分 废弃处置

废弃物性质：☑危险废物 □工业固体废物

属于HW42类有机溶剂

废弃处置方法：建议采用焚烧法处置。

废弃注意事项：不要触摸泄漏物料，使用干沙土或其他不燃物质吸收，然后用干净无火花工具将吸收后废物装入容器中处理。防止进入下水道。

第十四部分 运输信息

CN编号：32052。

UN编号：1294。

包装标志：联合国危险性类别 3。

中国危险性类别 第3类 易燃液体。

中国危险货物包装标志 7。

包装类别：联合国包装级别 Ⅱ。

中国危险货物包装标志 Ⅱ。

包装方法：小开口钢桶；螺纹口玻璃瓶；铁盖压口玻璃瓶或金属桶外木板箱。

运输注意事项：无数据。

第十五部分 法规信息（略）

第十六部分 其他信息（略）

【思考与练习】

1．什么是化学品安全技术说明书？其主要作用是什么？

2．通过化学品安全技术说明书，可以获得哪些信息？

3．化学品安全技术说明书的编写和使用有哪些规定？

第五节 气 瓶 包 装

【学习目标】

1．了解气瓶的分类和安全附件的作用。

2．熟悉气瓶的颜色标志和使用安全要点。

广义上讲，气瓶是指盛装气体的瓶式压力容器。根据《气瓶安全技术监察规程》（2014年版），通常气瓶是指在正常环境温度（−40～60℃）下使用的、公称容积为0.4～3000L，公称工作压力为0.2～35MPa（表压，下同）且压力与容积的乘积大于或者等于1MPa・L，盛装压缩气体、高（低）压液化气体、低温液化气体、溶解气体、吸附气体、标准沸点≤60℃的液体以及混合气体（两种或两种以上气体）的无缝气瓶、焊接气瓶、焊接绝热气瓶、纤维缠绕气瓶和内部装有填料的气瓶以及气瓶附件。

一、气瓶的分类

（一）按充装介质分类

1．压缩气体气瓶（永久气体气瓶）

压缩气体因其临界温度≤-50℃，常温下呈气态，所以称为永久气体，如氢、氧、氮、空气、煤气及氩、氦、氖、氪等。常温下这类气体在气瓶中呈压缩气体状态。这类气瓶一般都以较高的压力充装气体，目的是增加充气量，提高气瓶利用效率和运输效率。常见的充装压力为15MPa，也有的充装至20～30MPa。

2．液化气体气瓶

液化气体气瓶充装时都以低温液态灌装。有些液化气体的临界温度较低，装入瓶内后受环境温度的影响而全部汽化。有些液化气体的临界温度较高，装瓶后在瓶内始终保持气液平衡状态。因此，可分为高压液化气体和低压液化气体。

（1）高压液化气体　临界温度≥-50℃，且≤65℃。常见的有乙烯、乙烷、二氧化碳、氧化亚氙、六氟化硫、氯化氢、三氟甲烷（R－13）、三氟氯甲烷（R－23）、六氟乙烷（F－116）、氟己烯等。常见的充装压力有15MPa和12.5MPa等。

（2）低压液化气体　临界温度大于65℃。如溴化氢、硫化氢、氨、丙烷、丙烯、异丁烯、1，3—丁二烯、1—丁烯、环氧乙烷、液化石油气等。《气瓶安全技术监察规程》规定，液化气体气瓶的最高工作温度为60℃。低压液化气体在60℃时的饱和蒸气压都在10MPa以下，所以这类气体的充装压力都不高于10MPa。

3．溶解气体气瓶

专门用于盛装乙炔的气瓶，由于乙炔气体极不稳定，所以必须把它溶解在溶剂（常用丙酮）中。气瓶内装满多孔性材料，以吸附溶剂。在充装乙炔时，一般要求分两次进行，第一次充装后静置8h以上，再进行第二次充装。

（二）按公称工作压力分类

气瓶的公称工作压力简称公称压力。对盛装压缩气体的气瓶，公称压力是指在温度为20℃时，瓶内气体达到完全均匀状态时的限定（充）压力；对于盛装液化气体的气瓶，是指温度为60℃时瓶内气体压力的上限值；对于盛装溶解乙炔气的气瓶，是指在15℃时，瓶内气体达到化学、热量以及扩散平衡条件下的静置压力。

气瓶按公称工作压力分为高压气瓶和低压气瓶。高压气瓶是指公称工作压力大于或者等于10MPa的气瓶；低压气瓶是指公称工作压力小于10MPa的气瓶。

常温下，部分常见气瓶的公称压力见表4-8。

表 4-8　部分常见气瓶的公称压力

气 瓶 介 质	公称压力/MPa	气 瓶 介 质	公称压力/MPa
压缩空气	15（30）	液氯	2
氧气	15（20）	液氨	3
氢气	15（20）	氯甲烷	2
氮气	15	氯乙烯	1
二氧化碳（液化）	15（20）	二氧化硫	2
液化石油气	1.6	1,3-丁二烯	1
乙炔（加压溶解）	1.5	正丁烷（液化）	1

（三）按公称容积分类

气瓶按公称容积可分为 3 类，12L（含 12L）以下为小容积气瓶，12～150L（含 150L）为中容积气瓶，150L 以上为大容积气瓶。液化石油气钢瓶不同规格的公称容积见表 4-9。

表 4-9　液化石油气钢瓶的不同规格

规　格	公称容积/L	充装限量/kg
YSP-4.7	4.7	≤1.9
YSP-12	12.0	≤5.0
YSP-26.2	26.2	≤11.0
YSP-35.5	35.5	≤14.9
YSP-118	118	≤49.5

（四）按制造方法分类

1．钢制无缝气瓶

钢制无缝气瓶以钢坯为原料，经冲压拉伸制造，或以无缝钢管为材料，经热旋压收口制造。其瓶体材料为采用碱性平炉、电炉或吹氧碱性转炉冶炼的镇静钢，如优质碳钢、锰钢、铬钼钢或其他合金钢。这类气瓶常用于盛装压缩气体（永久气体）和高压液化气体。

2．钢制焊接气瓶

钢制焊接气瓶是以钢板为原料，经冲压卷焊制造的钢瓶。其瓶体及受压元件材料采用镇静钢，材料要求有良好的冲压和焊接性能。这类气瓶用于盛装低压液化气体。

3．焊接绝热气瓶

焊接绝热气瓶常用于储存低温液化气体，内、外筒为不锈钢，并在内筒外缠绕 14～16 层涤纶镀铝箔保温材料。内外筒之间抽真空，真空度为 2.6kPa。工作压力为 1.4MPa，容积常为 175L。

4．纤维缠绕气瓶

纤维缠绕气瓶全称为铝内胆碳纤维全缠绕复合气瓶，是以玻璃纤维加粘结剂缠绕或碳纤维制造的气瓶，一般有一个铝制内筒，其作用是保证气瓶的气密性，承压强度则依靠玻璃纤维缠绕的外筒。这类气瓶由于绝热性能好、重量轻，多用于盛装呼吸用压缩空气，供消防、毒区或缺氧区域作业人员随身背挎并配以面罩使用，一般容积较小（1～10L），充气压力多为15～30MPa。

二、气瓶的安全附件

气瓶的安全附件主要包括瓶阀、瓶帽、安全泄压装置和防震圈等。

（一）瓶阀

瓶阀是气瓶的主要附件，一般用黄铜或钢制造，它是控制气体进出的一种装置。充装可燃气体的钢瓶的瓶阀，其出气口螺纹为左旋；盛装助燃气体的气瓶，其出气口螺纹为右旋。瓶阀的这种结构可有效地防止可燃气体与非可燃气体的错装。对瓶阀有如下要求：

① 瓶阀与钢瓶必须螺纹连接，与钢瓶阀座内螺纹匹配，并符合标准。

② 同一制造单位生产的同一规格、型号的瓶阀，重量误差不得超过5%。

③ 瓶阀出厂时，应逐个出具合格证，并注明旋紧力矩。

④ 各种气体瓶阀的基本形式及结构尺寸、技术要求、试验方法和检验规则，应符合国家标准。

（二）瓶帽

保护瓶阀的帽罩式安全附件统称为瓶帽。其功能是避免气瓶在搬运和使用过程中，由于碰撞而损伤瓶阀，从而引起漏气、燃烧、爆炸等事故。瓶帽按其结构形式可分为拆卸式和固定式两种。

气瓶在运输、储存中必须佩戴好瓶帽，如无特殊要求，应配置固定式瓶帽。

（三）安全泄压装置

气瓶的安全泄压装置主要是为了防止气瓶在遇到火灾等高温时，瓶内气体受热膨胀而导致气瓶超压爆炸。目前常用的气瓶安全泄压装置有4种，即易熔塞、爆破片、安全泄压阀和爆破片—易熔塞复合装置。

1. 易熔塞

易熔塞是气瓶上使用较多的一种安全泄压装置，其塞孔内填充易熔合金，是可拆卸的部件。在正常情况下塞孔处于封闭状态。在预定温度作用下易熔合金熔化，将气体放出使气瓶泄压。易熔塞结构简单，制造容易，对温度比较敏感，是安全泄压装置中密封性能最好的一种。其缺点是易熔塞易受瓶内压力的作用而被挤出脱落，也常因局部受热而使合金熔化，造成误动作等。

2. 爆破片

爆破片是由压力敏感元件和夹持器等组装而成的安全泄压装置。爆破片装在瓶阀上，当瓶内压力因环境温度升高等原因而增大到规定的压力限定值时，爆破片立即动作，形成通道，使气瓶排气泄压。爆破片多用于高压气瓶上，有的气瓶不装爆破片。《气瓶安全技术监察规程》对是否必须装设爆破片，未做明确规定。气瓶装设爆破片有利有弊，一些国家的气瓶不采用爆破片这种安全泄压装置。

3．安全泄压阀

安全泄压阀的特点是结构简单、紧凑，而且可以重新关闭。当它开启排放时，在容器压力恢复正常后又会自行关闭，保持密封状态。但它也有不足之处，如泄压反应慢、对介质的洁净度要求高、密封性能差等。

4．爆破片—易熔塞复合装置

这种复合装置兼有爆破片与易熔塞的优点，尤其是密封性能更佳，因为它具有双重密封结构。这种复合装置只有在环境温度和瓶内压力都分别达到了规定值的条件下才会发生动作、泄压排气，一般不会发生误动作。当然，由于其结构较为复杂，装置的成本较高，一般用于密封性能要求较高的气瓶，如汽车用天然气钢瓶等。

（四）防震圈

防震圈是指气瓶上两个套在瓶体上部和下部的橡胶圈，其主要功能是使气瓶免受直接冲击。气瓶是移动式压力容器，它在充气、使用、搬运过程中，常因滚动、震动而相互碰撞或与其他物体碰撞，这不但会产生伤痕或变形，甚至还会导致物理性爆炸。防震圈的厚度一般为25～30mm，套装位置一般与气瓶上、下端距离各为200～250mm。

三、气瓶的颜色标志

气瓶的颜色标志主要包括气瓶的外表颜色、字样、字色和色环等。其作用有二：一是气瓶的种类识别依据，即通过不同的颜色标志能非常明确清晰地从气瓶外表迅速辨别出瓶内气体的性质（可燃性、毒性），避免错装和错用；二是防止气瓶锈蚀。

根据所装气体的性质、在瓶内的状态和压力不同，各种气瓶有不同的颜色标志，常见气瓶的颜色标志见表4-10。

表4-10 常见气瓶的颜色标志

气瓶介质	外表颜色	字样	字样颜色	色环
氢气	淡绿	氢	大红	淡黄
氧气	淡蓝	氧	黑	白
氮气	黑	氮	淡黄	白
氯气	深绿	液氯	白	—
氨气	淡黄	液氨	黑	—
压缩空气	黑	空气	白	白
乙炔	白色	乙炔不可近火	大红	—
天然气	棕色	天然气	白	—
液化石油气	银灰	—	大红	—

（一）外表颜色

气瓶的外表颜色应符合《气瓶颜色标志》（GB/T 7144—2016）的要求。

（二）字样

字样是指气瓶充装介质的名称、气瓶所属单位名称和其他内容的文字标识。介质名称一般用汉字表示，小容积的气瓶可用化学式表示。除表 4-10 所示的字样外，还应包括其他安全或使用注意事项，例如溶解乙炔气瓶上的“不可近火”等。

（三）色环

色环是区别充装同一介质，但具有不同公称压力的气瓶标志。凡充装同一介质且公称压力比规定起始级高一个等级的气瓶要加涂一道色环，高二个等级的加涂二道色环。

不论盛装何种气体的气瓶，在其肩部刻钢印的位置上一律涂上白色薄漆。气瓶漆色后，不得任意涂改、增添其他图案或标记。气瓶的漆色必须完好，如脱落应及时补漆。

四、气瓶的使用年限和定期检验

（一）气瓶的使用年限

各类气瓶都有其最小设计使用年限，见表 4-11 的规定。

表 4-11　各类气瓶的最小设计使用年限

序　号	气瓶品种（类型）		最小设计使用年限/年
1	钢质无缝气瓶[①]	盛装腐蚀性气体的气瓶、常与海水接触的钢瓶	12
		盛装其他气体的气瓶	30
2	铝合金无缝气瓶		20
3	焊接气瓶[②]	盛装腐蚀性气体的气瓶	12
		盛装其他气体的气瓶	20
4	液化石油气钢瓶及液化二甲醚钢瓶		15
5	焊接绝热气瓶		20
6	溶解乙炔气瓶		30
7	呼吸器用复合气瓶		15
8	车用气瓶	车用液化石油气钢瓶及车用二甲醚钢瓶	15
		车用液化天然气钢瓶	20
		车用压缩天然气钢内胆玻璃纤维环缠绕气瓶	15
		车用压缩天然气钢瓶	15
9	大容积无缝气瓶		30

注：表中未列入的气瓶品种按相关标准确定。

① 除大容积无缝气瓶。

② 除液化石油气钢瓶、溶解乙炔气瓶和车用气瓶。

（二）气瓶定期检验的周期

为了保证气瓶的使用安全，各种气瓶必须进行定期检验，检验周期见表 4-12。

表 4-12　气瓶的定期检验周期

序　号	气瓶类型	检验周期
1	无缝气瓶①	① 盛装氮、六氟化硫、惰性气体及纯度大于等于 99.999%的无腐蚀性高纯气体的气瓶，每 5 年检验 1 次 ② 盛装腐蚀性气体的气瓶、潜水气瓶以及常与海水接触的气瓶，每 2 年检验 1 次 ③ 盛装其他气体的气瓶，每 3 年检验 1 次
2	焊接气瓶②	① 盛装一般气体的气瓶，每 3 年检验 1 次 ② 盛装腐蚀性气体的气瓶，每 2 年检验 1 次
3	液化石油气钢瓶及液化二甲醚钢瓶	每 4 年检验 1 次
4	焊接绝热气瓶	原则上由用户根据气瓶绝热性能及使用状况确定是否应送检，但每 3 年至少检验 1 次
5	溶解乙炔气瓶	每 3 年检验 1 次
6	呼吸器用复合气瓶	每 3 年检验 1 次
7	车用气瓶	车用液化石油气钢瓶及车用二甲醚钢瓶，每 5 年检验 1 次
		车用液化天然气焊接绝热气瓶，原则上由用户根据气瓶绝热性能及使用状况确定是否应送检，但每 3 年至少检验 1 次
		车用缠绕气瓶，至少每 3 年检验 1 次
		① 车用压缩天然气钢瓶的首次检验和第 2 次检验为每 3 年进行 1 次，第 2 次检验后每 2 年进行 1 次 ② 出租车用钢瓶的检验每 2 年进行 1 次，第 2 次检验后每年进行 1 次
8	大容积无缝气瓶	① 盛装天然气、氢气的气瓶，首次检验周期为 3 年，首次检验后每 5 年检验 1 次 ② 盛装其他气体的气瓶，首次检验周期为 4 年，首次检验后每 6 年检验 1 次

注：表中未列入的气瓶品种及未明确的检验周期按相应标准确定。盛装混合气体的气瓶，其检验周期应当按混合气体组分中检验周期最短的气体确定。

① 除大容积无缝气瓶。

② 除液化石油气钢瓶、溶解乙炔气瓶和车用气瓶。

在使用过程中，发现气瓶有下列情况，应当提前进行检验：

① 发现有严重腐蚀、损伤或对其安全可靠性有怀疑的。

② 缠绕气瓶缠绕层有严重损伤的。

③ 库存或停用时间超过一个检验周期后使用的。

④ 车用气瓶发生交通事故后，重新投用前。

⑤ 气瓶定期检验标准中规定需提前进行定期检验的情况发生时。

⑥ 检验人员认为有必要提前检验的。

（三）气瓶定期检验的内容

气瓶检验单位对要检验的气瓶应逐只进行检验，并按规定出具检验报告。定期检验的项目包括以下两项。

1．内、外表面检查

内、外表面检查应在气瓶液压试验前后进行，检查前应先将瓶内铁锈、油污等杂质清除干净。检查盛装有毒或易燃气体的气瓶时，必须先将瓶内残存的气体排除干净。气瓶经过内、外表面检查，发现瓶壁有裂缝、鼓包或明显的变形时应报废。发现有硬伤、局部片状腐蚀或密集斑点腐蚀时，应根据剩余壁厚进行校核，以确定是否达到要求。

2．液压试验

液压试验的目的是查明容器及各连接处的强度和紧密性，它是最安全的试验方法。试验压力为最高工作压力的 1.5 倍。试验时应缓慢升压至工作压力，检查接头处有无渗漏。如无渗漏现象，再继续升压至试验压力，并保压 1～2min，然后降至工作压力进行全面检查。气瓶在做液压试验的同时，应进行容积残余变形的测定。

气瓶做液压试验时，无渗漏现象，且容积残余变形率不超过 10%，即认为合格。气瓶经检验合格后，必须在气瓶肩部的规定位置按下列项目和顺序打钢印，如图 4-3 所示。

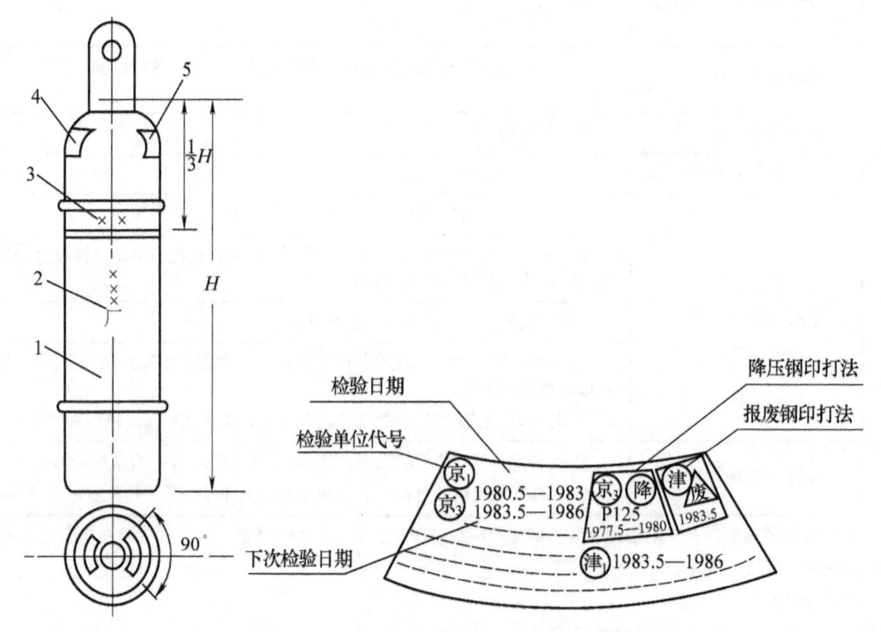

图 4-3　气瓶漆色标志及检验钢印示意图

1—整体漆色　2—所属单位名称　3—气体名称（横条）　4—制造钢印（白色）　5—检验钢印（白色）

① 合格的气瓶：检验单位代号，本次和下次检验日期。

② 降压的气瓶：检验单位代号，本次和下次检验日期。

③ 报废的气瓶：检验单位代号，检验日期。

五、气瓶的安全管理

（一）充装安全

为了保证气瓶在使用或充装过程中不因环境温度升高而处于超压状态，必须对气瓶的充装量严格控制。对压缩气体及高压液化气体气瓶，要求在最高使用温度（60℃）时瓶内气体的压力不超过气瓶的最高许可压力。对低压液化气体气瓶，则要求瓶内液体在最高使用温度时，不会膨胀至瓶内满液，即要求瓶内始终保留有一定的气相空间。

1. 严禁气瓶充装过量

充装压缩气体的气瓶，要按不同温度下的最高允许充装压力进行充装。充装液化气体的气瓶，必须严格按规定的充装系数充装，不得超装。如发现超装时，应设法将超装量卸出。

高压液化气体在不同设计压力下的充装系数见表 4-13。

表 4-13 高压液化气体在不同设计压力下的充装系数 （单位：kg/L）

序号	气体名称	化学式	设计压力			
			20MPa	15MPa	12.5MPa	8.0MPa
1	氙	Xe	—	—	1.23	—
2	二氧化碳	CO_2	0.74	0.60	—	—
3	氧化亚氮（笑气）	N_2O	—	0.62	0.52	—
4	氯化氢	HCl	—	—	0.57	—
5	乙烷	C_2H_6	0.37	0.34	0.31	—
6	乙烯	C_2H_4	0.34	0.28	0.24	—
7	三氟氯甲烷（R—13）	CF_3Cl	—	—	0.94	0.73
8	三氟甲烷（R—23）	CHF_3	—	—	0.76	—
9	六氟乙烷（R—116）	C_2F_6	—	—	1.06	0.83
10	三氟溴甲烷（R—13B1）	CF_3Br	—	—	1.45	1.33
11	六氟化硫	SF_6	—	—	1.33	—
12	氟乙烯	C_2H_3F	—	—	0.54	0.47

2. 防止不同性质的气体混装

气体混装是指在同一气瓶内灌装两种气体（或液体）。如果这两种介质在瓶内发生反应，将会造成气瓶爆炸事故。如装过易燃气体（如氢气等）的气瓶，未经置换、清洗等处理，甚至瓶内还有一定量余气，又灌装氧气，结果瓶内氢气与氧气发生化学反应，产生大量反应热，瓶内压力急剧升高，气瓶爆炸，酿成严重事故。

属于下列情况之一的，应先进行处理，否则严禁充装：

① 钢印标记、颜色标记不符合规定及无法判定瓶内气体的。

② 改装不符合规定或用户自行改装的。

③ 附件不全、损坏或不符合规定的。

④ 瓶内无剩余压力的。

⑤ 超过检验期的。

⑥ 外观检查存在明显损伤，需进一步进行检查的。

⑦ 氧化或强氧化性气体沾有油脂的。

⑧ 易燃气体气瓶的首次充装，事先未经置换和抽空的。

（二）储存安全

① 气瓶的储存应有专人负责管理。管理人员、操作人员、消防人员应经安全技术培训，了解气瓶、气体的安全知识。

② 气瓶储存时空瓶、实瓶应分开（分室储存）。如空实氧气瓶应分室储存；液化石油气

瓶、乙炔瓶与氧气瓶、氯气瓶不能同储一室。

③ 气瓶库（储存间）应符合《建筑设计防火规范》，应采用二级以上防火建筑。与明火或其他建筑物应有符合规定的安全距离。易燃、易爆、有毒、腐蚀性气体气瓶库的安全距离不得小于 15m。

④ 气瓶库应通风、干燥，防止雨（雪）淋、水浸，避免阳光直射，要有便于装卸、运输的设施。库内不得有暖气、水、煤气等管道通过，也不准有地下管道或暗沟，照明灯具及电气设备应是防爆的。

⑤ 地下室或半地下室不能储存气瓶。

⑥ 瓶库有明显的“禁止烟火”“当心爆炸”等各类必要的安全标志。

⑦ 瓶库应有运输和消防通道，设置消火栓和消防水池。在固定地点备有专用灭火器、灭火工具和防毒用具。

⑧ 储气的气瓶应戴好瓶帽，最好戴固定瓶帽。

⑨ 实瓶一般应立放贮存。卧放时，应防止滚动，瓶头（有阀端）应朝向一方。垛放不得超过 5 层，妥善固定。气瓶排放应整齐，固定牢靠。数量、号位的标志要明显。要留有通道。

⑩ 实瓶的贮存数量应有限制，在满足当天使用量和周转量的情况下，应尽量减少贮存量。

⑪ 容易起聚合反应气体的气瓶，必须规定储存期限。

⑫ 瓶库账目清楚，数量准确，按时盘点，账物相符。

⑬ 建立并执行气瓶进出库制度。

（三）使用安全

① 使用气瓶者应学习气体与气瓶的安全技术知识，在技术熟练人员的指导监督下进行操作练习，合格后才能独立使用。

② 使用前应对气瓶进行检查，确认气瓶和瓶内气体质量完好，方可使用。如发现气瓶颜色、钢印等辨别不清，检验超期，气瓶损伤（变形、划伤、腐蚀），气体质量与标准规定不符等现象，应拒绝使用并做妥善处理。

③ 按照规定，正确、可靠地连接调压器、回火防止器、橡胶软管、缓冲器、气化器、焊割炬等，检查、确认没有漏气现象。连接上述器具前，应微开瓶阀吹除瓶阀出口的灰尘、杂物。

④ 气瓶使用时，一般应立放（乙炔瓶严禁卧放使用）。不得靠近热源。与明火距离、可燃与助燃气体气瓶之间距离，不得小于 10m。

⑤ 使用易起聚合反应气体的气瓶，应远离射线、电磁波、振动源。

⑥ 防止日光暴晒、雨淋、水浸。

⑦ 移动气瓶应手搬瓶肩转动瓶底；移动距离较远时可用轻便小车运送，严禁抛、滚、滑、翻和肩扛、脚踹。

⑧ 禁止敲击、碰撞气瓶。绝对禁止在气瓶上焊接、引弧。不准用气瓶做支架和铁砧。

⑨ 注意操作顺序。开启瓶阀应轻缓，操作者应站在瓶阀出口的侧后方；关闭瓶阀应轻而严，不能用力过大，避免关得太紧、太死。

⑩ 瓶阀冻结时，不准用火烤。可把瓶移入室内或温度较高的地方或用 40℃以下的温水浇淋解冻。

⑪ 注意保持气瓶及附件清洁、干燥，禁止沾染油脂、腐蚀性介质、灰尘等。

⑫ 瓶内气体不得用光用尽，应留有剩余压力（余压）。余压不应低于 0.05MPa。

⑬ 要保护瓶外油漆防护层，既可防止瓶体腐蚀，也是识别标记，可以防止误用和混装。瓶帽、防震圈、瓶阀等附件都要妥善维护、合理使用。

⑭ 气瓶使用完毕，要送回瓶库或妥善保管。

【思考与练习】

1．气瓶可如何分类？

2．气瓶主要有哪些安全附件？其作用是什么？

3．气瓶的颜色标志主要包括哪些？其作用是什么？以氧气瓶为例，说明它的外表颜色、字样、字样颜色和色环。

4．气瓶的使用年限和定期检验有何规定？

5．简述气瓶的使用安全要点。

第五章　危险化学品安全管理体系

在现实生产生活中，危险化学品是一类特殊的重要商品。从管理学的角度来看，危险化学品管理属于社会安全管理的范畴，其安全管理体系由管理职能机构和管理法规体系两部分构成。实践证明，为了实现对危险化学品安全管理的目标，必须加强法制建设，完善法规体系，通过法律手段对执法主体和客体的“职、权、利”进行明确和约束，才能使危险化学品管理工作走上制度化、规范化的轨道，从而促进危险化学品相关产业的健康有序发展。我国历来十分重视危险化学品的安全管理，明确提出了“安全第一，预防为主，综合治理”的工作方针，先后制定了一系列法律、法规和标准，建立了危险化学品事故应急救援系统，实行了危险化学品登记注册制度，形成了一套符合我国当前社会经济发展需要的管理法规体系。1994 年 10 月 27 日，我国加入了国际劳工组织 170 号公约，表明我国危险化学品安全管理开始步入了国际化管理的轨道；2014 年 12 月 1 日颁布实施的《中华人民共和国安全生产法》，以及 2011 年 12 月 1 日起施行的《危险化学品安全管理条例》（国务院令第 591 号），是我国危险化学品安全管理法制进程中一个新的里程碑，它标志着我国危险化学品安全生产管理工作进入了一个崭新的发展阶段。

第一节　危险化学品安全管理职能机构与法规体系

【学习目标】

1. 熟悉我国危险化学品安全管理职能机构。
2. 熟悉我国危险化学品安全管理法规体系。
3. 了解 170 号国际公约的内容。

一、危险化学品安全管理职能机构

根据《危险化学品安全管理条例》（国务院令第 591 号）的规定，危险化学品安全管理包括了危险化学品生产、储存、使用、经营和运输 5 个重点环节的管理。实际管理中管理按行政级别从上到下包括国家，省、自治区、直辖市，地级市，县级（市）4 个层级，管理执法主体涉及安监、工业和信息化、公安、环境、卫生、质检、交通、铁路、民航、工商、邮政等多个政府职能部门，构成了一个全方位的管理机构体系，它们各自的管理职能详见 591 号令第六条一～八项的规定。

二、危险化学品安全管理法规体系

（一）170 号国际公约

国际劳工组织于 1990 年 6 月 26 日在日内瓦举行的第十七届会议上，讨论通过了《作业场所安全使用化学品公约》（简称 170 号公约）。170 号公约的宗旨是要求政府主管当局、雇主组织和工人组织，共同协商努力，采取措施，保护员工免受化学品危害的影响，有助于保护公众和环境。其基本内容包括：

1．政府主管当局的责任

① 与雇主组织和工人组织协商，制定政策并定期检查。

② 当发现问题时有权禁止或限制使用某种化学品。

③ 建立适当的制度或专门标准，确定化学品危险特性，评价分类，提出“标志”或“标签”要求。

④ 制订“安全使用说明书（MSDS）”编制标准。

2．雇主的责任

① 对化学品进行分类。

② 对化学品进行标志或加贴标签，使用前采取安全措施。

③ 提供安全使用说明书，在作业场所编制“使用须知”（周知卡）。

④ 保证工人接触化学品的程度符合主管当局的规定。

⑤ 对工人接触程度评估，并有检测、记录（健康监护）。

⑥ 采取措施将危险、危害降到最低程度。

⑦ 当措施达不到要求时，应免费提供个人防护用具。

⑧ 提供急救设施。

⑨ 制定应急处理预案。

⑩ 依照法律、法规处置废物。

⑪ 对工人进行培训并提供资料、作业须知等。

⑫ 与工人及其代表合作。

3．工人的义务和权力

① 与雇主密切合作，遵章守法。

② 采取合理步骤对可能产生的危害加以消除或降低。

③ 有权了解化学品的特性、危害性、预防措施、培训程序等。

④ 当有充分理由判断安全与健康受到威胁时可以脱离危害区，并不受不公正待遇。

4．出口国的责任

当本国由于安全和卫生方面的原因，对某种化学品部分或全部禁止使用时，应及时将事实和原因通报给进口国。

（二）我国危险化学品管理法规体系

1994 年 10 月 27 日，全国人大常委会第 10 次会议审议批准了国际劳工组织 170 号公约，公开向世界劳工组织做出承诺，我国的危险化学品安全管理将按国际公约的要求进行管理。目前，我国在危险化学品的安全管理中，安监、公安、交通、环保、卫生等职能部门依照的管理法规包括相关国际公约、法律、法规、规章和安全标准5个层级。这些法规形成了一个较为完善的法规体系，它们对促进危险化学品的安全管理起到了重要作用（图5-1）。

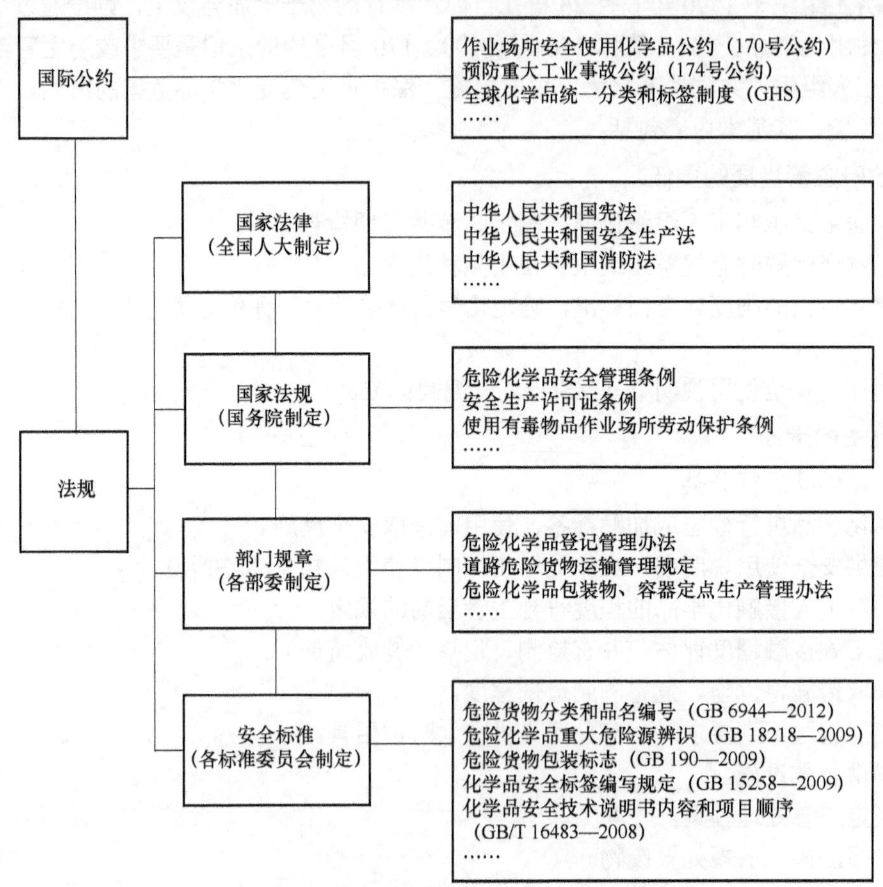

图5-1　我国危险化学品安全管理法规体系

可以看出，这种新型管理模式对我国危险化学品安全管理产生了巨大影响，并具有重要的社会现实意义，主要表现在3个方面。

1．管理方式国际化，管理标准将更加严格

当今世界，全球经济一体化，早在20世纪90年代初，在化学品的国际贸易中，工业国就开始执行MSDS制度，即出口国向进口国提供化学品的安全技术说明书，化学品包装粘贴安全标签，提供应急电话等，目前，这一制度已基本国际化。据统计，我国目前市场上流通的化学品在8万种以上，并且每年还有近千种新的化学品不断投放市场，如何对这些特殊商品进行有效管理和宏观监控，是一件涉及国民经济、环境保护和人民生命财产安全的大事。我国加入了170号公约，承诺将按国际公约的要求，在生产、储存、运输、经营等各个环节，对化学品进行危险性鉴别，采用“安全标签”“安全技术说明书”和“安全标识卡”等方式对危险化学品进行登记，实行从“摇篮”到“坟墓”的全生命周期的“户籍”管理和监控，这意味着我国对危险化学品管理的要求将更加严格。

2．管理体系联动化，管理目标将更有利于实现

按照170号国际公约的要求，结合现阶段我国社会经济发展状况，经过近20年的努力，我国已建立了适合我国基本国情的危险化学品安全管理体系，特别是在《安全生产法》《危险化学品安全管理条例》《消防法》等法规中，明确了执法主体如安监、公安、工商、交通等政府职能管理部门的具体职责，形成了一套职能部门“分工到位、职责明确、协调配合”的联动管理机制，对危险化学品基本能做到“全时空、全过程、全覆盖”进行安全管理，从而有利于危险化学品安全管理目标的实现。

3．管理手段市场化，管理效能将更加有效

通过采取严格执行危险化学品企业的市场准入制度，对安全管理执业人员实行“注册安全工程师”资格认证，对单位从业人员进行安全教育培训，并进行严格考核，运用市场手段进行“优胜劣汰”的选择，都将有利于督促危险化学品企业增强自律意识，提升劳动者素质，从而提高自身的管理水平和能力，实现管理效能的提高。

三、基本法规

（一）国际公约

①《职业安全和卫生及工作环境公约》（第155号公约），发布机构：国际劳工组织大会，1981年8月11日施行。

②《职业卫生设施公约》（第 161 号公约），发布机构：国际劳工组织大会，1988 年 2 月17日施行。

③《作业场所安全使用化学品公约》（第170号公约），发布机构：国际劳工组织大会，1990年6月25日施行。

④《作业场所安全使用化学品建议书》（第177号建议书），发布机构：国际劳工组织大会，1990年6月26日施行。

⑤《预防重大工业事故公约》（第 174 号公约），发布机构：国际劳工组织大会，1993年6月2日施行。

⑥《全球化学品统一分类和标签制度》（简称GHS，2015年第5次修订），发布机构：联合国，2008年内实施全球统一制度。

（二）相关法律

①《中华人民共和国宪法》。

②《中华人民共和国劳动法》。

③《中华人民共和国职业病防治法》。

④《中华人民共和国安全生产法》。

⑤《中华人民共和国消防法》。

⑥《中华人民共和国环境保护法》。

⑦《中华人民共和国固体废物污染环境防治法》。

⑧《中华人民共和国水污染防治法》。

⑨《中华人民共和国药品管理法》。

⑩《中华人民共和国食品安全法》。

（三）相关法规

①《危险化学品安全管理条例》（国务院令第591号），2011年12月1日施行。

②《城镇燃气管理条例》（国务院令第583号），2011年3月1日施行。

③《民用爆炸物品安全管理条例》（国务院令第466号），2006年9月1日施行。

④《易制毒化学品管理条例》（国务院令第445号），2005年11月1日施行。

⑤《安全生产许可证条例》（国务院令第397号），2004年1月13日施行。

⑥《中华人民共和国内河交通安全管理条例》（国务院令第355号），2002年8月1日施行。

⑦《使用有毒物品作业场所劳动保护条例》（国务院令第352号），2002年5月12日施行。

⑧《中华人民共和国监控化学品管理条例》（国务院令第190号），1995年12月27日施行。

（四）相关部门规章

①《危险化学品生产企业安全生产许可证实施办法》，发布机构：原国家安全生产监督管理局，2004年4月19日施行。

②《危险化学品储存建设项目安全审查办法》，发布机构：原国家安全生产监督管理局，2005年1月1日施行。

③《危险化学品建设项目安全许可实施办法》，发布机构：国家安全生产监督管理总局，2006年10月1日施行。

④《危险化学品登记管理办法》，发布机构：原国家经济贸易委员会，2002年11月15日施行。

⑤《危险化学品经营单位许可证管理办法》，发布机构：原国家经济贸易委员会，2002年11月15日施行。

⑥《危险化学品包装物、容器定点生产管理办法》，发布机构：原国家经济贸易委员会，2002年11月15日施行。

⑦《铁路危险货物运输管理规则》，发布机构：原铁道部，2006年8月1日施行。

⑧《道路危险货物运输管理规定》，发布机构：原交通部，2005年8月1日施行。

⑨《船舶载运危险货物安全监督管理规定》，发布机构：原交通部，2004年1月1日施行。

⑩《化学品毒性鉴定管理规范》，发布机构：原卫生部，2001年6月1日施行。

⑪《废弃危险化学品污染环境防治办法》，发布机构：原国家环境保护总局，2005年10月1日施行。

⑫《爆炸危险场所安全规定》，发布机构：原劳动部，1995年1月22日施行。

⑬《工作场所安全使用化学品规定》，发布机构：原劳动部、原化工部，1997年1月1日施行。

（五）相关安全标准

①《危险货物分类和品名编号》（GB 6944—2012）。
②《危险货物品名表》（GB 12268—2012）。
③《道路运输危险货物车辆标志》（GB 13392—2005）。
④《化学品安全技术说明书内容和项目顺序》（GB/T 16483—2008）。
⑤《危险化学品重大危险源辨识》（GB 18218—2009）。
⑥《化学品分类和危险性公示　通则》（GB 13690—2009）。
⑦《危险货物运输包装通用技术条件》（GB 12463—2009）。
⑧《危险货物包装标志》（GB 190—2009）。
⑨《有毒作业分级》（GB 12331—1990）。
⑩《液体石油产品静电安全规程》（GB 13348—2009）。
⑪《石油化工企业卫生防护距离》（SH 3093—1999）。
⑫《危险废物填埋污染控制标准》（GB 18598—2001）。
⑬《工业管道的基本识别色、识别符号和安全标识》（GB 7231—2003）。
⑭《易燃液体危险货物危险特性检验安全规范》（GB 19521.2—2004）。
⑮《易燃气体危险货物危险特性检验安全规范》（GB 19521.3—2004）。
⑯《毒性危险货物危险特性检验安全规范》（GB 19521.7—2004）。
⑰《工作场所有害因素职业接触限值　第 1 部分：化学有害因素》（GBZ 2.1—2007）。
⑱《工作场所有害因素职业接触限值　第 2 部分：物理因素》（GBZ 2.2—2007）。
⑲《呼吸防护　自吸过滤式防毒面具》（GB 2890—2009）。

【思考与练习】

1．我国危险化学品安全管理体系是如何构成的？
2．简述建立危险化学品安全管理体系的意义。
3．简述我国危险化学品安全管理中有哪些基本法规。

第二节　危险化学品安全管理条例

【学习目标】

1．了解我国危险化学品安全管理模式的变革和《危险化学品安全管理条例》的特点。
2．熟悉《危险化学品安全管理条例》的基本内容。

2011 年 3 月 2 日，新修订的《危险化学品安全管理条例》（国务院令第 591 号）正式公布，与 2002 年公布施行的《危险化学品安全管理条例》（国务院令第 344 号）相比，无论是管理的范围还是相关部门的职责分工，都有了很大的变化。自 2008 年 2 月国务院法制办公室公布《条例》征求意见稿以来，历时 3 年，数易其稿，针对各地在危险化学品安全监管过程中遇到的实际问题，充实了大量实质性内容，这足以说明危险化学品安全管理的重要性、复杂性和艰巨性。

一、我国危险化学品安全管理模式的三次变革

纵观我国危险化学品管理模式的演化过程，其管理范围和职能部门的监管职责经历过三次大的变革。

（一）与计划经济接轨的变革

我国有关危险化学品安全管理的法律法规，源于 1961 年 1 月经国务院批准颁布，分别是由国家经委、化学工业部、铁道部、商业部、公安部制订试行的 6 个部门规章：《关于中、小型化工企业安全生产管理规定》《化学危险物品储存管理暂行办法》《化学危险物品凭证经营、采购暂行办法》《铁路危险物品运输规则》《化学危险物品防火管理运输规则》《关于违反爆炸、易燃物品管理规则处罚暂行办法》。1987 年 2 月 17 日，国务院公布施行了《化学危险物品安全管理条例》（国发[1987]14 号）（以下简称 14 号文），这是我国第一部专门针对危险化学品管理的行政法规。14 号文所定义的化学危险物品，是指国家标准《危险货物分类和品名编号》中规定的压缩气体和液化气体、易燃液体、易燃固体及自燃物品与遇湿易燃物品、氧化剂和有机过氧化物、毒害品、腐蚀品 6 大类，但未明确具体的品种，爆炸品也未纳入管理范围。14 号文一个显著的特征就是仅设置了两条罚则，并且不涉及对企业的经济处罚。

（二）与市场经济接轨的变革

2002 年 1 月 26 日，国务院公布了《危险化学品安全管理条例》（国务院令第 344 号）（以下简称 344 号令），并于 2002 年 3 月 15 日起施行。344 号令并非只是对 14 号文的简单修订，其中的关键性名词也由“化学危险物品”变为了“危险化学品”。344 号令所定义的危险化学品，包括爆炸品、压缩气体和液化气体、易燃液体、易燃固体及自燃物品与遇湿易燃物品、氧化剂和有机过氧化物、有毒品和腐蚀品，共 7 大类，并明确“危险化学品”列入以国家标准公布的《危险货物品名表》，剧毒化学品目录和未列入《危险货物品名表》的其他危险化学品由国务院经济贸易综合管理部门会同国务院公安、环境保护、卫生、质检、交通部门确定并公布。总体而言，344 号令所指的“危险化学品”仍然基于 GB 6944—1986，不同之处在于以《危险货物品名表》的形式规定了品种范围。与 14 号文相比，344 号令将处置废弃危险化学品纳入了监管范围，对生态系统的保护起到了积极作用。

（三）与国际管理体系接轨的变革

2002 年底，中国成为联合国危险货物运输和全球化学品统一分类和标签制度专家委员会下设的 GHS 分委员会的正式成员。GHS 是《全球化学品统一分类和标签制度》的简称，是 1992 年联合国环境与发展会议提出，联合国经济和社会理事会危险货物运输和全球化学品统一分类及标签制度专家委员会 2002 年通过，旨在对世界各国不同的危险化学品分类方法进行统一，最大限度地减少危险化学品对消费者健康和环境造成的危害，是指导各国管制化学品危害和保护人类与环境的规范性文件。GHS 为统一全球化学品危险性信息、管理规则奠定了基础，并为国际化学品贸易提供了方便，可以减少对化学品的重复测试和评估，降低化学

品国际贸易成本。2002年联合国可持续发展世界首脑会议鼓励各国2008年前执行GHS，2009年联合国经济和社会理事会19号决议要求各国尽快执行GHS。

2011年3月2日，国务院公布了新修订的《危险化学品安全管理条例》（591号令），并于2011年12月1日起施行。与344号令相比，591号令由7章74条增加到8章102条，并有了许多新的特点。

1）根据国务院机构改革，明确和调整了政府各职能部门的管理职责。591号令规定由安全生产监督管理部门负责危险化学品安全监督管理综合工作，并对工业和信息化管理等相关职能部门的职责作了调整和充实。

2）完善了危险化学品的定义和目录发布制度。591号令根据联合国GHS的要求，按照化学品的危害特性确定危险化学品的种类及目录，更加科学明确，与国际接轨。同时，明确了危险化学品目录的发布要求。

3）健全完善了危险化学品建设项目“三同时”制度以及与有关法律、法规的衔接。591号令规定新建、改建、扩建生产、储存危险化学品的建设项目，必须由安全监管部门进行安全条件审查。同时，与《港口法》《安全生产许可证条例》《工业产品许可证条例》进行了衔接。

4）新设了危险化学品使用安全许可规定。针对使用危险化学品从事生产的企业事故多发的情况，为从源头上进一步强化使用危险化学品的安全管理，591号令确立了危险化学品安全使用许可制度，规定使用特定种类危险化学品从事生产且使用量达到规定数量的化工企业，应当取得危险化学品安全使用许可证，该证由设区的市级安全监管部门负责审核发放。

5）完善了危险化学品经营许可规定。591号令将原由省、市两级安全监管部门负责的经营许可调整为由市、县两级安全监管部门负责，下放了许可权限，降低了管理相对人申办危险化学品经营许可的成本，体现了安全监管部门保障和服务经济社会发展，为管理相对人提供便民、高效服务的理念。

6）完善了生产、储存危险化学品单位的安全评价制度。591号令规定生产、储存危险化学品的企业，应当委托具备国家规定的资质条件的机构对本企业的安全生产条件每3年进行一次安全评价，提出安全评价报告，与《安全生产许可证条例》相衔接。

7）完善了危险化学品的内河运输规定。344号令规定禁止利用内河以及其他封闭水域等航运渠道运输剧毒化学品以及国务院交通部门规定禁止运输的其他危险化学品。考虑到长江等内河运输危险化学品的实际问题，591号令对此进行了适当调整，并做出了相应的严格管理规定。

8）健全完善了危险化学品的登记和鉴定制度。591号令规定国家实行危险化学品登记制度，为危险化学品安全管理以及危险化学品事故预防和应急救援提供技术、信息支持。危险化学品生产企业、进口企业，应当向国务院安全监管部门负责危险化学品登记的机构办理危险化学品登记。同时规定，化学品的危险特性尚未确定的，由国务院安全监管部门、环境保护主管部门、卫生主管部门分别负责组织对该化学品的物理危险性、环境危害性、毒理特性进行鉴定。

9）加大了对违法行为的处罚力度。591号令在行政处罚上做出了较大幅度的调整，重点加大了经济处罚的力度。同时，与《安全生产许可证条例》《生产安全事故报告和调查处理条例》等法律法规进行衔接。

二、《危险化学品安全管理条例》的基本内容

591号令共8章102条，包括总则，生产、储存安全，使用安全，经营安全，运输安全，危险化学品登记与事故应急救援，法律责任和附则等内容。

（一）《危险化学品安全管理条例》的宗旨

591号令第一条指出，制定本条例的目的是“为了加强危险化学品的安全管理，预防和减少危险化学品事故，保障人民群众生命财产安全，保护环境”。

危险化学品作为特殊的商品，极大地改善了人们的生活，但其固有的危险性也给人类的生存带来了极大威胁，沉痛的事故教训告诫人们，必须通过立法来规范危险化学品的生产、经营、储存、运输、使用的过程和行为。

发达国家已经制定了比较完善的危险化学品安全管理的法律法规。在美国，与化学品有关的法规多达16部，对化学品实施全生命周期的管理。随着我国经济的快速发展，特别是加入WTO后在国际贸易规则下对危险化学品安全管理提出了很多新要求，为了彻底改变目前我国事故高发的局面，对危险化学品必须实行从“摇篮”到“坟墓”的全生命周期的管理。

（二）《危险化学品安全管理条例》的适用范围

591号令第二条和第三条对条例的适用地域、管理环节、管理物品等内容进行了界定。

（1）适用地域　只要是在中华人民共和国境内涉及危险化学品的所有单位和个人均适用本条例。

（2）管理环节　第二条规定：“危险化学品生产、储存、使用、经营和运输的安全管理，适用本条例。废弃危险化学品的处置，依照有关环境保护的法律、行政法规和国家有关规定执行。”

这说明，591号令对危险化学品的生产、储存、使用、经营和运输各个环节实施全过程的管理，也包括对危险化学品企业从建厂、运行到停业处置的全过程管理，而废弃危险化学品的处置，则由其他法规进行管理。

（3）管理物品　第三条规定：“危险化学品，是指具有毒害、腐蚀、爆炸、燃烧、助燃等性质，对人体、设施、环境具有危害的剧毒化学品和其他化学品。危险化学品目录，由国务院安全生产监督管理部门会同国务院工业和信息化、公安、环境保护、卫生、质量监督检验检疫、交通运输、铁路、民用航空、农业主管部门，根据化学品危险特性的鉴别和分类标准确定、公布，并适时调整。”

显然，591号令对危险化学品的定义基于《化学品分类和危险性公示　通则》（GB 13690—2009），即源于联合国GHS。在2015年第5次修订的GHS中，从物理危险、健康危险、环境危险三个方面，定义了29个种类，对化学品进行了系统分类。由此可见，与344号令相比，591号令所指的危险化学品范围已发生了很大的变化，无论是从实用角度还是与国际接轨的需要来看，新的规则更加科学。

（三）《危险化学品安全管理条例》对政府各职能部门监督职责的划分

591 号令第六条规定了对危险化学品的生产、储存、使用、经营、运输实施安全监督管理的政府各职能部门应履行的职责，共涉及 10 个部门，它们是：安全生产监督管理部门、公安机关、质量监督检验检疫部门、环境保护主管部门、交通运输主管部门、铁路主管部门、民用航空主管部门、卫生主管部门、工商行政管理部门、邮政管理部门。与 344 号令相比，除公安、民航、邮政部门外，591 号令对其他 8 个职能部门的具体职能进行了明确和调整，具体职责划分如下。

1．安监部门的职责

① 负责危险化学品安全监督管理综合工作。

② 组织确定、公布、调整危险化学品目录。

③ 对新建、改建、扩建生产、储存危险化学品（包括使用长输管道输送危险化学品，下同）的建设项目进行安全条件审查。

④ 核发危险化学品安全生产许可证、危险化学品安全使用许可证和危险化学品经营许可证。

⑤ 国内危险化学品登记工作。

与 344 号令比较，增加了确定、公布、调整危险化学品目录和核发使用许可证的职能，取消了对危险化学品包装物、容器专业生产企业定点审查职能，并将对危险化学品事故应急救援的组织协调职能调整为政府职能。

2．公安机关的职责

① 危险化学品的公共安全管理。

② 核发剧毒化学品购买许可证和剧毒化学品道路运输通行证。

③ 危险化学品运输车辆的道路交通安全管理。

3．质监部门的职责

① 核发危险化学品及其包装物、容器（不包括储存危险化学品的固定式大型储罐，下同）生产企业的工业产品生产许可证。

② 对危险化学品及其包装物、容器的产品质量实施监督。

③ 对进出口危险化学品及其包装实施检验。

与 344 号令比较，增加了对进出口危险化学品及其包装物实施检验的职能。

4．环保部门的职责

① 废弃危险化学品处置的监督管理。

② 组织危险化学品的环境危害性鉴定和环境风险程度评估。

③ 确定实施重点环境管理的危险化学品。

④ 危险化学品环境管理登记和新化学物质环境管理登记。

⑤ 依照职责分工调查相关危险化学品环境污染事故和生态破坏事件。

⑥ 危险化学品事故现场的应急环境监测。

与 344 号令比较，将对进口危险化学品登记职能拓展为负责环境管理登记和新化学物质环境管理登记，范围扩大了，同时赋予了组织危险化学品的环境危险性鉴定和环境风险程度评估，确定实施重点环境管理的危险化学品的职能。

5．交通部门的职责

① 对危险化学品道路运输、水路运输的许可以及运输工具的安全管理。

② 对危险化学品水路运输安全实施监督。

③ 负责危险化学品道路运输企业、水路运输企业驾驶人员、船员、装卸管理人员、押运人员、申报人员、集装箱装箱现场检查员的资格认定。

与344号令比较，扩大了从业人员资格认定的范围，需要取得相关资格的人员由4类扩大为6类，增加了对申报人员和集装箱装箱现场检查员的资格认定。

6．铁路部门的职责

① 对危险化学品铁路运输的安全管理。

② 对危险化学品铁路运输承运人、托运人的资质审批及其运输工具的安全管理。

与344号令比较，增加了对承运人、托运人资质审批的职能。

7．民航部门的职责

对危险化学品航空运输以及航空运输企业及其运输工具的安全管理。

8．卫生部门的职责

① 危险化学品毒性鉴定的管理。

② 负责组织、协调危险化学品事故受伤人员的医疗卫生救援工作。

与344号令比较，将危险化学品事故伤亡人员的医疗救护职能，调整为组织、协调危险化学品事故受伤人员的医疗卫生救援工作。

9．工商部门的职责

① 依据有关部门的许可证件，核发危险化学品生产、储存、经营、运输企业营业执照。

② 查处危险化学品经营企业违法采购危险化学品的行为。

与344号令比较，增加了查处危险化学品经营企业违法采购危险化学品行为的职能。

10．邮政部门的职责

依法查处寄递危险化学品的行为。

除上述负有危险化学品日常安全监管职能的部门以外，591号令还从负责危险化学品生产、储存的行业规划和布局及危险化学品目录确定、公布等方面，明确了工业和信息化、城乡规划、农业等部门以及其他有关部门的职责，如：第三条、第十一条、第二十七条、第二十九条、第五十四条、第六十九条。

（四）《危险化学品安全管理条例》对危险化学品监督检查工作的规定

为保证对危险化学品的监督检查工作正常、有序、顺利进行，591号令第七条对各级监督检查部门在危险化学品监督检查工作中可行使的职权以及被检查单位和检查人员的行为作了规定。

（1）依法监督检查　对危险化学品的监督检查工作要在法律、法规规定的框架内进行，即要依法对危险化学品进行监督检查。

（2）监督检查部门的具体职权　授予各级监督检查部门依法履行职责的 5 项职权。

① 进入危险化学品作业场所实施现场检查，向有关单位和人员了解情况，查阅、复制有关文件、资料。

② 发现危险化学品事故隐患，责令立即消除或者限期消除。

③ 对不符合法律、行政法规、规章规定或者国家标准、行业标准要求的设施、设备、装置、器材、运输工具，责令立即停止使用。

④ 经本部门主要负责人批准，查封违法生产、储存、使用、经营危险化学品的场所，扣押违法生产、储存、使用、经营、运输的危险化学品以及用于违法生产、使用、运输危险化学品的原材料、设备、运输工具。

⑤ 发现影响危险化学品安全的违法行为，当场予以纠正或者责令限期改正。

（3）被检查者的义务　规定了被检查单位和个人对依法开展的监督检查负有的义务，即应当接受有关部门依法实施的监督检查并予以配合，不得拒绝、阻碍。

（4）检查人员的行为规范　规定了检查人员在依法开展监督检查时的行为，即监督检查人员不得少于 2 人，并应当出示执法证件。

（五）《危险化学品安全管理条例》确定的管理制度

591 号令确定的管理制度包括：1 项公告制度、3 项备案制度、3 项限制性规定和 15 项审查、许可、管理制度。

1．公告制度

第三条第二款规定：危险化学品目录，由国务院安全生产监督管理部门会同国务院工业和信息化、公安、环境保护、卫生、质量监督检验检疫、交通运输、铁路、民用航空、农业主管部门，根据化学品危险特性的鉴别和分类标准确定、公布，并适时调整。

2．备案制度

591 号令规定了 3 项备案制度，包括：

（1）在役装置安全评价报告备案制度　第二十二条规定：生产、储存危险化学品的企业，应当委托具备国家规定的资质条件的机构，对本企业的安全生产条件每 3 年进行一次安全评价，提出安全评价报告。安全评价报告的内容应当包括对安全生产条件存在的问题进行整改的方案。生产、储存危险化学品的企业，应当将安全评价报告以及整改方案的落实情况报所在地县级人民政府安全生产监督管理部门备案。在港区内储存危险化学品的企业，应当将安全评价报告以及整改方案的落实情况报港口行政管理部门备案。

（2）应急救援预案备案制度　第七十条规定：危险化学品单位应当制定本单位危险化学品事故应急预案，配备应急救援人员和必要的应急救援器材、设备，并定期组织应急救援演练。危险化学品单位应当将其危险化学品事故应急预案报所在地设区的市级人民政府安全生产监督管理部门备案。

（3）转产、停产、停业或者解散时危险化学品处置备案制度　第二十七条规定：生产、储存危险化学品的单位转产、停产、停业或者解散的，应当采取有效措施，及时、妥善处置其危险化学品生产装置、储存设施以及库存的危险化学品，不得丢弃危险化学品。处置方案应当报所在地县级人民政府安全生产监督管理部门、工业和信息化主管部门、环境保护主管部门和公安机关备案。安全生产监督管理部门应当会同环境保护主管部门和公安机关对处置情况进行监督检查，发现未依照规定处置的，应当责令其立即处置。

3．限制性规定

591号令规定了3项限制性规定，包括：

（1）对危险化学品生产、经营、使用的限制性规定　第五条规定：任何单位和个人不得生产、经营、使用国家禁止生产、经营、使用的危险化学品。国家对危险化学品的使用有限制性规定的，任何单位和个人不得违反限制性规定使用危险化学品。

（2）对危险化学品运输车辆通行区域的限制性规定　第四十九条规定：未经公安机关批准，运输危险化学品的车辆不得进入危险化学品运输车辆限制通行的区域。危险化学品运输车辆限制通行的区域由县级人民政府公安机关划定，并设置明显的标志。

（3）对水路运输危险化学品单船运输数量的限制性规定　第五十八条规定：通过内河运输危险化学品，危险化学品包装物的材质、型式、强度以及包装方法应当符合水路运输危险化学品包装规范的要求。国务院交通运输主管部门对单船运输的危险化学品数量有限制性规定的，承运人应当按照规定安排运输数量。

4．审查、许可、管理制度

591号令规定了15项审查、许可、管理制度，包括：

（1）危险化学品生产、储存建设项目安全条件审查制度　第十二条规定：新建、改建、扩建生产、储存危险化学品的建设项目（以下简称建设项目），应当由安全生产监督管理部门进行安全条件审查。第十二条同时也对安全条件审查的程序进行了规定。

（2）危险化学品生产许可制度　第十四条规定：危险化学品生产企业进行生产前，应当依照《安全生产许可证条例》的规定，取得危险化学品安全生产许可证。生产列入国家实行生产许可证制度的工业产品目录的危险化学品的企业，应当依照《中华人民共和国工业产品生产许可证管理条例》的规定，取得工业产品生产许可证。

第十五条对危险化学品生产企业应提供相应的化学品安全技术说明书和化学品安全标签进行了规定。

（3）重点环境管理危险化学品环境释放信息报告制度　第十六条规定：生产实施重点环境管理的危险化学品的企业，应当按照国务院环境保护主管部门的规定，将该危险化学品向环境中释放等相关信息向环境保护主管部门报告。环境保护主管部门可以根据情况采取相应的环境风险控制措施。

（4）危险化学品包装物、容器生产许可制度　第十八条规定：生产列入国家实行生产许可证制度的工业产品目录的危险化学品包装物、容器的企业，应当依照《中华人民共和国工业产品生产许可证管理条例》的规定，取得工业产品生产许可证；其生产的危险化学品包装物、容器经国务院质量监督检验检疫部门认定的检验机构检验合格，方可出厂销售。

（5）危险化学品管道安全管理制度　第十三条规定：生产、储存危险化学品的单位，应当对其铺设的危险化学品管道设置明显标志，并对危险化学品管道定期检查、检测。进行可能危及危险化学品管道安全的施工作业，施工单位应当在开工的7日前书面通知管道所属单位，并与管道所属单位共同制定应急预案，采取相应的安全防护措施。管道所属单位应当指派专门人员到现场进行管道安全保护指导。

（6）作业场所和安全设施、设备安全警示制度　第二十条规定：生产、储存危险化学品的单位，应当根据其生产、储存的危险化学品的种类和危险特性，在作业场所设置相应的监测、监控、通风、防晒、调温、防火、灭火、防爆、泄压、防毒、中和、防潮、防雷、防静电、防腐、防泄漏以及防护围堤或者隔离操作等安全设施、设备，并按照国家标准、行业标准或者国家有关规定对安全设施、设备进行经常性维护、保养，保证安全设施、设备的正常使用。生产、储存危险化学品的单位，应当在其作业场所和安全设施、设备上设置明显的安全警示标志。

（7）危险化学品安全使用许可制度　第二十九条规定：使用危险化学品从事生产并且使用量达到规定数量的化工企业（属于危险化学品生产企业的除外，下同），应当依照本条例的规定取得危险化学品安全使用许可证。

第三十条、第三十一条对危险化学品安全使用许可证的申请条件和申请审批程序进行了规定。

（8）危险化学品经营许可制度　第三十三条规定：国家对危险化学品经营（包括仓储经营，下同）实行许可制度。未经许可，任何单位和个人不得经营危险化学品。

第三十四条、第三十五条对危险化学品经营许可证的申请条件和申请审批程序进行了规定，第三十六条、第三十七条对危险化学品经营活动进行了规定。

（9）用于制造爆炸物品的危险化学品管理制度　591 号令分别从生产储存数量和流向、治安保卫机构（人员）设置（配备）、专用仓库技术防范设施的设置、经营许可、销售、运输、购买资质、销售档案的管理等方面，按照剧毒化学品安全管理的要求，分 9 条对用于制造爆炸物品的危险化学品的管理进行了规定。

（10）剧毒化学品准购、准运制度　第三十八条规定：依法取得危险化学品安全生产许可证、危险化学品安全使用许可证、危险化学品经营许可证的企业，凭相应的许可证件购买剧毒化学品、用于制造爆炸物品的危险化学品。民用爆炸物品生产企业凭民用爆炸物品生产许可证购买用于制造爆炸物品的危险化学品。

第五十条规定：通过道路运输剧毒化学品的，托运人应当向运输始发地或者目的地县级人民政府公安机关申请剧毒化学品道路运输通行证。

（11）危险化学品登记和鉴定制度　第六十六条规定：国家实行危险化学品登记制度，为危险化学品安全管理以及危险化学品事故预防和应急救援提供技术、信息支持。同时，第六十七条、六十八条对危险化学品登记的程序、内容以及信息发布进行了规定。

第一百条规定：化学品的危险特性尚未确定的，由国务院安全生产监督管理部门、国务院环境保护主管部门、国务院卫生主管部门分别负责组织对该化学品的物理危险性、环境危害性、毒理特性进行鉴定。根据鉴定结果，需要调整危险化学品目录的，依照本条例第三条第二款的规定办理。

（12）危险化学品运输许可制度　第四十三条规定：从事危险化学品道路运输、水路运输的，应当分别依照有关道路运输、水路运输的法律、行政法规的规定，取得危险货物道路运输许可、危险货物水路运输许可，并向工商行政管理部门办理登记手续。

第五十六条规定：通过内河运输危险化学品，应当由依法取得危险货物水路运输许可的水路运输企业承运，其他单位和个人不得承运。托运人应当委托依法取得危险货物水路运输许可的水路运输企业承运，不得委托其他单位和个人承运。

（13）从业人员培训考核与持证上岗制度　第四十四条规定：危险化学品道路运输企业、水路运输企业的驾驶人员、船员、装卸管理人员、押运人员、申报人员、集装箱装箱现场检查员应当经交通运输主管部门考核合格，取得从业资格。具体办法由国务院交通运输主管部门制定。

（14）危险化学品事故应急救援管理制度　第六十九条规定：县级以上地方人民政府安全生产监督管理部门应当会同工业和信息化、环境保护、公安、卫生、交通运输、铁路、质量监督检验检疫等部门，根据本地区实际情况，制定危险化学品事故应急预案，报本级人民政府批准。

第七十条、第七十一条、第七十二条、第七十三条、第七十四条对危险化学品事故预案的制定和演练、救援人员和器材的配备以及开展危险化学品事故应急救援进行了规定。

（15）违规责任追究制度　第七章规定了违规责任追究制度，即规定了危险化学品从业单位和人员的违规追究条款，也规定了执法机关和人员的违规追究条款。同时规定了3种违规处罚：刑事追究、行政处罚、经济处罚。

【思考与练习】

1．我国危险化学品安全管理模式经过了哪几次变革？

2．《危险化学品安全管理条例》有哪些特点？

3．《危险化学品安全管理条例》对各政府职能部门的职责是如何划分的？

4．《危险化学品安全管理条例》对开展危险化学品监督检查工作有何规定？

5．《危险化学品安全管理条例》规定了哪些管理制度？

第三节　危险化学品的消防监督管理

【学习目标】

1．了解公安消防机构对危险化学品消防监督管理的职责和范围。

2．熟悉《消防法》对危险化学品消防监督管理的有关规定。

3．掌握危险化学品消防监督管理的主要内容。

危险化学品普遍具有易燃、易爆、强氧化、腐蚀、毒害等危险特性，在生产、使用、储存、经营、运输、装卸等过程中，受到摩擦、挤压、震动、高（低）温、高（低）压、潮湿等因素的影响极大，由此引发的火灾、爆炸等灾害事故越来越多，损失和伤亡也越来越大。因此，加强危险化学品，尤其是易燃易爆化学品的消防监督管理，严格落实防火、防爆、防潮、通风、降温等安全措施，对防止火灾和爆炸事故的发生，保障人民生命和财产安全，保障经济建设发展和维护社会稳定，构建和谐社会，都具有十分重要的意义。

一、《消防法》对危险化学品消防监督管理的有关规定

《中华人民共和国消防法》第十九条规定：生产、储存、经营易燃易爆危险化学品的场

所不得与居住场所设置在同一建筑物内，并应当与居住场所保持安全距离。

第二十二条规定：生产、储存、装卸易燃易爆危险物品的工厂、仓库和专用车站、码头的设置，应当符合消防技术标准。易燃易爆气体和液体的充装站、供应站、调压站，应当设置在符合消防安全要求的位置，并符合防火防爆要求。

已经设置的生产、储存、装卸易燃易爆危险化学品的工厂、仓库和专用车站、码头，易燃易爆气体和液体的充装站、供应站、调压站，不再符合前款规定的，地方人民政府应当组织、协调有关部门、单位限期解决，消除安全隐患。

第二十三条规定：生产、储存、运输、销售、使用、销毁易燃易爆危险化学品，必须执行消防技术标准和管理规定。

进入生产、储存易燃易爆危险化学品的场所，必须执行消防安全规定。禁止非法携带易燃易爆危险化学品进入公共场所或者乘坐公共交通工具。

储存可燃物资仓库的管理，必须执行消防技术标准和管理规定。

二、危险化学品消防监督管理的职责

2011 年 12 月 1 日施行的《危险化学品安全管理条例》（国务院令第 591 号）第六条规定，公安机关负责危险化学品的公共安全管理。公安部根据国家法规对危险化学品监督管理职能的调整，于 2002 年 5 月 31 日发布了公安部令第 64 号，废止了 1994 年 5 月 1 日发布施行的《易燃易爆化学物品消防安全监督管理办法》（公安部令第 18 号），同时发布了《关于认真贯彻执行国务院〈危险化学品安全管理条例〉切实加强危险化学品公共安全管理的通知》（公通字[2002]31 号）。就消防监督而言，该《通知》规定了各级公安消防机构要依照消防法律法规的规定，依法履行对易燃易爆化学物品生产、储存、经营单位新建、改建、扩建工程的消防设计审核和消防验收职能；对易燃易爆化学物品生产、储存、经营等单位落实消防安全责任制、履行消防安全职责的情况依法实施消防监督检查。

三、危险化学品消防监督管理的范围

根据《中华人民共和国消防法》第二十二条的规定和《中华人民共和国消防法条文释义》的解释，公安消防机构需要重点监督管理的易燃易爆危险物品主要是指以燃烧爆炸为主要危险特性的气体，易燃液体，易燃固体、易于自燃的物质和遇水放出易燃气体的物质，氧化性物质和有机过氧化物，毒性物质及腐蚀性物质中部分易燃易爆化学物品，共有 6 大类 11 项。鉴于其他类、项的危险化学品也存在一定程度的危险、危害性，或多或少需要采取防火防爆措施，也会对消防灭火救援造成影响，因此公安消防机构应当掌握、了解其特性，严格做好新建、改建、扩建工程的防火审核、验收，同时按职责分工落实消防监督检查，保证防火措施的落实。

四、危险化学品消防监督检查的主要内容

消防监督检查人员应当依法对危险化学品生产、使用、经营、储存、销毁的单位和人员

实施监督检查，对存在安全隐患的单位和个人提出整改要求，及时消除安全隐患，防止发生各类事故。

（一）选址要求

生产、储存和装卸易燃易爆危险物品的工厂、仓库和专用车站、码头，必须设置在城市的边缘或者相对独立的安全地带。

除运输工具加油站、加气站外，危险化学品的生产装置和储存设施与下列场所、区域的距离必须符合国家标准或者国家有关规定。

① 居民区、商业中心、公园等人口密集区域。

② 学校、医院、影剧院、体育场（馆）等公共设施。

③ 供水水源、水厂取水源保护区。

④ 车站、码头（按照国家规定，经批准专门从事危险化学品装卸作业的除外）、机场，以及公路、铁路、水路交通干线、地铁风亭及出入口。

⑤ 基本农田保护区、畜牧区、渔业水域和种子、种畜、水产苗种生产基地。

⑥ 河流、湖泊、风景名胜区和自然保护区。

⑦ 军事禁区、军事管理区。

已建危险化学品的生产装置和储存设施不符合上述要求的，公安消防机构应当责令限期整改，构成重大火灾隐患需停产停业的，可报请当地人民政府决定。

经营危险化学品零售业务的店面应与繁华商业区或居住人口稠密区保持500m以上距离。

（二）建筑防火

危险化学品生产、使用、经营、储存场所的建、构筑物的耐火等级、防火间距、防爆泄压、防雷、防静电、地面材料、防火分隔、建筑隔热降温与通风，应满足有关技术规范的要求。易燃易爆化学物品仓库内不准设办公室、休息室。危险化学品仓库的布局、储存类别不得擅自改变，如确需改变的，应当符合防火技术标准和规范的规定。

（三）产品安全要求

对于新研制的危险化学品，必须在有了可靠的消防安全防护、灭火措施之后才能允许组织批量生产。如果新研制的危险化学品生产技术符合国家的产业政策需要转让时，其消防安全防护技术应一并转让，否则造成事故或社会危害时，应追究转让者的责任。

（四）消防设施要求

生产、使用、经营、储存危险化学品的单位和个人，要根据生产、储存和使用的物品的种类、性能、生产工艺及规模，设置相应的防火、防爆、防毒的监测、报警、通信、降温、防潮、通风、防雷、防静电、隔离操作等安全设施，并保证在任何情况下处于正常使用状态，其设计应当符合国家的消防技术规范要求。对闪点、自燃点低，爆炸极限下限低、范围宽的危险化学品还应设有自动联锁、泄漏消除、紧急救护、消防水源、自动报警、固定灭火设施和救护器具。

（五）包装要求

危险化学品的包装必须符合《危险货物运输包装通用技术条件》（GB 12463—2009）的要求，应做到受运输过程中的碰撞、颠簸和温度、湿度变化等外部因素干扰而不发生危险事故。包装材料不得与所包装的物品有发生化学反应的可能，并应根据不同物品的易燃、易爆、腐蚀、毒害等不同的理化性能进行包装，且应符合包装方法、包装重量限制等要求。包装的标志图形必须与所包装物品相一致，并符合《危险货物包装标志》（GB 190—2009）的规定。如果该危险化学品要进行外贸交易，其包装标志还应符合我国接受的国际公约及规则中的有关规定。

（六）电气防火

危险化学品生产、使用、经营、储存场所的电气装置，必须符合国家现行的有关火灾、爆炸危险场所的电气安全规定。电气设备必须由专业电工进行安装、检查和维护。必须按照国家有关防雷、防静电的规定，设置防雷、防静电装置，并定期检测，以保证有效。

（七）严格控制火源

生产、使用、经营、储存易燃易爆危险化学品的建、构筑物内部和外部禁区范围严禁带入火源。必须动火时，应按动火审批手续进行，并办理动火证。动火证应当注明动火地点、时间、动火人、现场监护人、批准人和防火措施等内容。无关车辆不准进入易燃易爆危险化学品生产、使用、储存场所，允许进入的车辆应安装排气管火星熄灭器。进入场所内的电瓶车、铲车必须为防爆型。各类机动车辆装卸物品后，不准在库区、库房、货场内停放和修理。

（八）严禁混存

危险化学品和一般物品，以及容易相互发生反应或者灭火方法不同的物品，储存时必须分间、分库储存，并在醒目处标明储存物品的名称、性质和灭火方法。如一级无机氧化性物质不能与有机过氧化物混存；毒性物质不能与氧化性物质混存；硝酸盐不能与硫酸、氯磺酸等混存；氧气不得与油脂混存；易燃气体不得与助燃气体、剧毒气体共存；压缩气体、液化气体必须与爆炸品、氧化性物质、易燃固体、易于自燃的物质、腐蚀性物质隔离储存等。

（九）控制温度、湿度

易挥发、易自燃、遇水分解等物品，必须在温度较低、通风良好和空气干燥的场所储存，并安装专用仪器（如温度计、湿度计）定时检测，严格控制温度和湿度，发现偏离应立即采取整库密封、分垛密封、翻桩倒垛和自然通风等方法调节。不能采取通风措施时，应采用吸潮和人工降温的方法进行控制。危险化学品露天堆放应符合防火、防爆的安全要求，爆炸品、一级易燃固体、遇水放出易燃气体的物质、剧毒物质等不得露天存放。

（十）防止超期、超量储存

氧化性物质、易于自燃的物质、遇水放出易燃气体的物质等超过储存期限或储量超过规定要求，极易发生变质、积热自燃或压坏包装而引发事故，所以必须严格控制储存量和储存期限。

生产场所不得超量存放危险化学品，一般不超过一昼夜的用量或产量。经营场所的存放量应当符合相关法规的规定。

（十一）严禁违章操作

生产、使用、经营、储存易燃易爆危险化学品的单位应当建立健全安全管理制度和操作规程，严禁违规违章作业。比如在储存、经营场所内或危险物品堆垛附近不得进行试验、分装、打包和进行其他可能引发火灾的不安全操作；改装或封焊修理必须在专门的场所进行；装卸危险化学品时，不得振动、撞击、重压、摩擦和倒置，对易产生静电的装置设备要采取消除静电的措施；进出货物后，对遗留或散落在操作现场的危险化学品要及时清扫和处理等。

（十二）加强安全检查和养护

对性质活泼、易分解变质或积热自燃的物品，应由专人定期进行测温、化验，并做好记录。进出场所的物品应核实品名、数量、包装规格，发现不符，必须立即转移至安全地点处置，不得进库或转运。夏季高温、雷雨或梅雨季节及冬季寒冷季节，更应加强巡回检查，发现漏雨进水、包装破损、积热升温等情况，要及时处理。

（十三）建立应急机制，落实消防教育培训

生产、使用、经营、储存危险化学品的单位应当建立健全火灾应急机制，制定应急预案，配备灭火力量，定期进行演练。生产、使用、储存危险化学品的大型企业或单位远离公安消防救援队伍时，应按规定设置企业专职消防队，以确保安全；中型企业有条件的也应建立专职消防队或义务消防组织，配备专职防火干部；小型企业要设置专人负责保卫和防火工作。企业应当加强防火宣传教育，不断提高员工的安全意识和灭火技能，特殊工种从业人员必须经过消防安全专业培训后持证上岗。

【思考与练习】

1．危险化学品消防监督管理的重要意义是什么？

2.《消防法》中涉及危险化学品的相关规定有哪些？

3．公安消防机构对危险化学品的安全管理职责有哪些？

4．危险化学品消防监督检查的主要内容对以后的消防工作有哪些指导意义？

第六章　学生实验

实验1　能量对爆炸品的影响

实验目的：探究各种能量源对爆炸品作用的影响。

实验原理：在物理能、化学能等能量源作用下，燃烧品发生剧烈燃烧或爆炸。

实验用品：蒸发皿、玻璃棒、滴管、手套、镊子。

氯酸钾、红磷、高锰酸钾、浓硫酸、淀粉、黑火药、鞭炮

【操作】

1．物理能作用

1.1　机械能

把 0.2g 氯酸钾与 0.1g 红磷在纸片上轻轻混合，用玻璃棒摩擦、撞击，观察现象。

1.2　热能

把 0.2g 氯酸钾与 0.1g 红磷在纸片上轻轻混合，先用一支常温的玻璃棒接触混合物，再用一支被加热的玻璃棒接触，观察现象。

2．化学能作用

2.1　高锰酸酐点爆鞭炮

取 2g 高锰酸钾放在一个蒸发皿中，滴入 1mL 冷浓硫酸，用玻璃棒搅拌制取高锰酸酐。然后，用玻璃棒蘸取高锰酸酐与鞭炮引线接触，使其点爆。

反应式：

$$2KMnO_4+H_2SO_4 = Mn_2O_7+K_2SO_4+H_2O$$

$$Mn_2O_7+H_2SO_4 = MnO_3^{+}+HSO_4^{-}+HMnO_4$$

$$2Mn_2O_7 = 4MnO_2+3O_2\uparrow$$

2.2　高锰酸酐遇有机可燃物发生燃爆

向装有高锰酸酐（七氧化二锰）的培养皿中撒入淀粉，观察现象（图 6-1）。

图 6-1　高锰酸酐遇淀粉剧烈燃烧

【注意事项】危险！请勿在无保护措施下制取！

【问题讨论】1. 使爆炸品燃爆的点火源种类有哪些？举例说明。

2. 为什么说强氧化剂禁止与可燃物（还原剂）混装储运？举例说明。

实验 2　爆炸品的殉爆性

实验目的：探究爆炸品殉爆距离与敏感性的关系。

实验原理：主爆药 A 爆炸产生的能量能使一定距离内的引爆药 B 发生爆炸的现象称为殉爆。爆炸品的殉爆距离与其敏感性有关。爆炸品的敏感性越强，殉爆距离越小。

实验用品：研钵、锥形瓶、蒸发皿、玻璃棒、滴管、磁砖。

碘、浓氨水。

【操作】

取 1g 碘放在研钵里，加入 5mL 浓氨水。小心研磨 3min，便得到黑色六氨合三碘化氮的细小固体。加水 50mL，经搅动后倒入锥形瓶中。振荡锥形瓶，使黑色粉末均匀地分布在水中即得到三碘化氮。

用滴管把制得的三碘化氮，滴洒在一片磁砖上，让其自然干燥爆炸。

反应式：

$$2NI_3 = N_2 + 3I_2$$

【注意事项】NI_3 勿制作得太多，也不要保存时间过长，短时间的保存可使其湿润或浸入水中并放在避光处，应注意实验安全。

【问题讨论】爆炸品的殉爆距离与哪些因素有关？爆炸品仓库选址、布局规划应注意哪些问题？

实验 3　泄压条件对爆炸品爆炸的影响

实验目的：探究泄压空间条件与爆炸品爆炸能量聚集的关系。

实验原理：在空旷条件与受限狭小空间条件下，点燃爆炸品（黑火药），比较其反应速度快慢及能量释放剧烈程度。

实验用品：研钵、玻璃棒、2 片磁砖、棉纸。

硝酸钾、硫粉、碳粉。

【操作】

1. 配制黑火药。按硝酸钾:硫粉:碳粉=75:10:15 的比例配制 50g 黑火药，并分成 20g 两份，5g 2 份。

2. 把两份 20g 的黑火药在磁砖片上分别铺成线状和片状，而另两份 5g 的黑火药用棉纸包裹，一个拧紧制成鞭炮，另一个让其尾部开口，分别点火四个样品，观察比较。

【问题讨论】简述爆炸品库房增设泄压面积、压力容器上安装泄压片等设施装置的防爆炸原理及作用。

实验4 粉 尘 爆 炸

实验目的： 探究粉尘爆炸的条件与危险性。

实验原理： 可燃粉尘被吹扬成悬浮粉尘，且达到一定浓度，遇到火源立即发生爆炸。

实验用品： 玻璃钟罩（或大塑料瓶）、导气管（长60cm以上）、气筒或洗耳球、蜡烛等。面粉（或木屑、镁粉、铝粉等）。

【操作】

1．面粉干燥。把面粉倒入蒸发皿中，在酒精灯上炒焙至焦黄，将水分烘干后装于广口瓶中待用。

2．安装实验装置。把干燥的面粉放入小塑料瓶中，点燃蜡烛，连接导气管，盖上玻璃钟罩（或大塑料瓶）。一切准备就绪后，吹气让粉尘飞扬充满钟罩，观察粉尘爆炸现象（图6-2）。

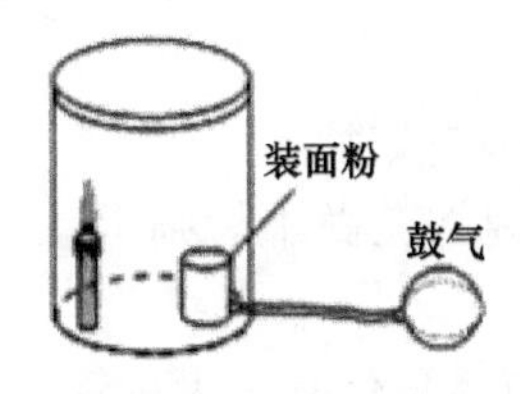

图6-2 粉尘爆炸

【注意事项】 1．面粉要干燥，吹气要迅速，钟罩口不要太封闭，留有泄压口。

2．实验人员要与钟罩保持一定安全距离，禁止近距离观察。

实验5 气体的易燃易爆性

实验目的： 探究易燃气体的易燃易爆性。

实验原理： 易燃气体具有较强的易燃易爆性，当易燃气体扩散在空气中，其浓度达到爆炸浓度极限范围，遇点火源会发生燃烧或爆炸。

实验用品： 水槽、氢气发生装置（锥形瓶、双孔导管配长颈漏斗）、药匙、坩埚钳、火柴（小木条）；分液漏斗、圆底烧瓶、水槽、导气管、试管、烧杯、大试管、尖嘴导管。

肥皂水、锌粒、稀硫酸；碳化钙、饱和水。

1．氢气的爆炸性实验

【操作】

组装图6-3所示装置；导气管直接插入装有肥皂水的水槽中；用火点爆气泡。

2．乙炔气体易燃性实验

反应式：

$$CaC_2+2H_2O = Ca(OH)_2+C_2H_2\uparrow$$

【操作】

旋转分液漏斗磨口玻璃塞，向圆底烧瓶中滴入饱和食盐水，反应制取乙炔气体。用火柴点燃尖嘴导管出来的乙炔气体，观察现象（图 6-3）。

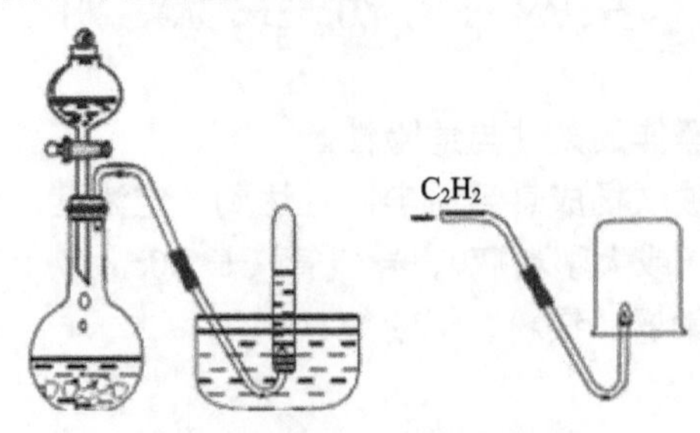

图 6-3　乙炔的制取和燃烧

【问题讨论】为什么易燃可燃气体泄漏在空气中十分危险？请举例常见的易燃易爆气体。

实验 6　气体的扩散性

实验目的：探究二氧化氮气体的扩散性。

实验原理：任何气体的分子时刻都在做不规则运动，气体由高浓度区向低浓度区进行扩散。

实验用品：分液漏斗、圆底烧瓶、导气管、大试管。

金属铜、浓硝酸。

【操作】

旋转分液漏斗磨口玻璃塞，向圆底烧瓶中滴入浓硝酸，用向上排空气法制取二氧化氮气体（图 6-4），用玻璃片盖住试管口。用相同型号的一支大试管与收集二氧化氮的大试管口对齐，抽走玻璃片，静止一段时间，观察现象。双手握紧试管，上下加速摇动，再观察现象。

反应式：　$Cu+4HNO_3$（浓）$=\!=\!=Cu(NO_3)_2+2NO_2\uparrow+2H_2O$

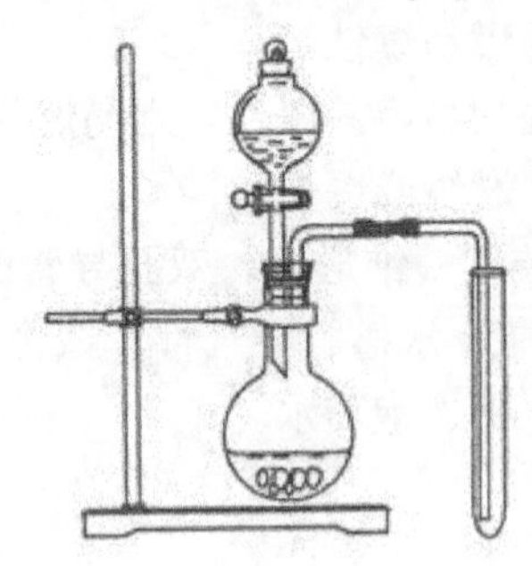

图 6-4　硝酸与铜反应制二氧化氮

【问题讨论】对于气体的扩散速度有哪些影响因素？

实验 7　可燃液体闪燃与着火

实验目的：掌握可燃液体闪点、燃点的概念及液体闪燃的原因；掌握用简易开口杯法测定可燃液体的闪点的方法。

实验原理：一定温度条件下，可燃液体遇到火源，发生一闪即灭的燃烧现象叫闪燃，此时的液体温度叫液体的闪点；液体表面持续 5s 以上有火焰生成，视为液体开始着火，此时的液体温度叫液体的燃点。液体闪燃的原因是由于闪点温度时，液体蒸发速度小于蒸气燃烧速度，液体表面的蒸气浓度只能瞬间满足燃烧条件，所以一闪即灭；当液体受热温度达到燃点时，液体蒸发速度大于等于蒸气燃烧速度，液体表面的蒸气浓度可持续满足燃烧条件，所以液体可被点燃，开始持续着火。

实验用品：酒精灯、瓷坩埚、烧杯、温度计、石棉网、铁架台、火柴、棉线柴油。

【操作】

1．向瓷坩埚加入 1/3～1/2 锅的柴油，注入时严防油溅出，而且液面以上的坩埚壁不应沾有油。将坩埚放入沙浴中。

2．将温度计垂直地固定在沙浴中，使温度计水银球位于柴油的中央位置。

3．用酒精灯加热沙浴，柴油为 75℃时缓慢升温。试油温度每升高 2℃，点火一次，注意点火火焰放在距离试油表面 10～14mm 处。

4．试油液面上方最初瞬间出现蓝色火焰时，温度计所示温度即为要测定的试油闪点。继续升高温度，当蒸气分子与空气形成的混合物遇到火源能够燃烧且持续时间不少于 5s 时，温度计所示温度即为要测定的试油燃点。重复 3 次实验并记录。

【数据记录】

物质名称	第 1 次		第 2 次		第 3 次		平均结果	
	闪点	燃点	闪点	燃点	闪点	燃点	闪点	燃点
柴油								

【注意事项】试油温度接近闪点时，温度缓慢上升，可以将酒精灯移开或者间断加热。火柴火焰距离试油表面 10～14mm 处，无噪声能听到噗的闪燃声，较难看到蓝色火焰。

【问题讨论】影响测定结果准确程度的因素有哪些？

实验 8　原油的沸溢、喷溅式燃烧

实验目的：认识和掌握原油具有沸溢、喷溅式燃烧的危险特性；认识和掌握原油发生沸溢、喷溅式燃烧的条件、现象及危害和预防措施。

实验原理：具有热波的特性的易燃液体（如原油），因液体黏度较大，并且含有乳化水或水垫层，在热波形成及向液体深层内部沉降过程中，由于热波温度（150～315℃）远高于水的沸点，热波遇到的乳化水便形成大量气泡使油的体积膨胀外溢（即“跑锅”现象），而形成沸溢燃烧；当热波遇到水垫层时，会产生大量高压水蒸气，把油品抛出罐外，在空中形成喷溅燃烧。

油品发生沸溢或喷溅燃烧的 3 个条件：油品具有形成热波的特性，即沸程要宽，黏稠度大；油品中含有乳化水或罐底部有水垫层；热波与乳化水或水垫层接触。

实验用品：三脚架、坩埚、坩埚钳、酒精灯、金属盘、石棉网。
原油。

【操作】

1. 原油的沸溢式燃烧。用坩埚盛装原油至距离坩埚底部约 1/3 处，放于三脚架的石棉网上，加几点水并用玻璃棒搅拌约 3min。在通风橱内，用火点燃原油，观察并记录实验现象。

2. 原油的喷溅式燃烧。用坩埚盛装原油至距离坩埚底部约 1/3 处，加几毫升水并用玻璃棒搅拌，静置约 3min 放于三脚架的石棉网上。在通风橱内，用火点燃原油，观察并记录实验现象。

实验 9　松节油遇强氧化剂燃烧

实验目的：认识和掌握松节油遇强氧化剂高锰酸钾、浓硝酸的危险特性。

实验原理：易燃液体与强氧化剂接触能发生剧烈反应而引起燃烧爆炸。

实验用品：坩埚、玻璃棒、坩埚钳、滴管。
松节油、高锰酸钾、浓硝酸。

【操作】

1. 用 2 只蒸发皿分别取 10mL 松节油备用。

2. 在通风橱内，用药匙取 3g 高锰酸钾，用滴管取 5mL 硝酸分别缓慢倒入盛有 2 只松节油的蒸发皿中，观察和记录实验现象。

【注意事项】

1. 实验要在通风橱内进行，以防污染环境和造成人员中毒。

2. 浓硝酸是强氧化性酸，松节油与之接触易于发生剧烈的氧化还原反应，引起燃烧或爆炸，谨防烧伤。

实验 10　易燃固体受热自燃

实验目的：探究能量源对易燃固体受热自燃的影响。

实验原理：在能量源作用下，易燃固体受热发生燃烧。

实验用品：厚玻璃筒（配有活塞）、坩埚钳、酒精灯、薄铜片。
硝化棉、乒乓球、滤纸。

【操作】

1. 压缩点燃硝化棉。在一个配有活塞的厚玻璃筒里放一小团硝化棉，把活塞迅速压下去，观察现象（图 6-5）。

2. 固体物质点燃和受热自燃

（1）明火点燃可燃烧物　取一小块乒乓球碎片和滤纸碎片，分别用坩埚钳夹住，放在酒精灯火焰上加热，观察到两种物质都能燃烧。

（2）间接加热烤燃可燃物　从乒乓球和滤纸上各剪下一小片（同样大小），分别放在一片薄铜片的两侧，加热铜片的中部，观察现象（图6-6）。

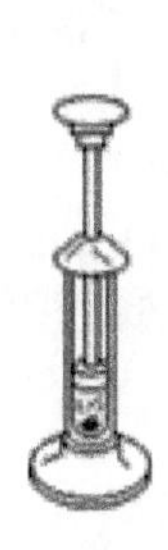

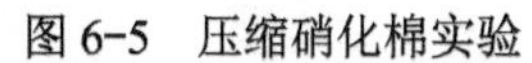

图6-5 压缩硝化棉实验

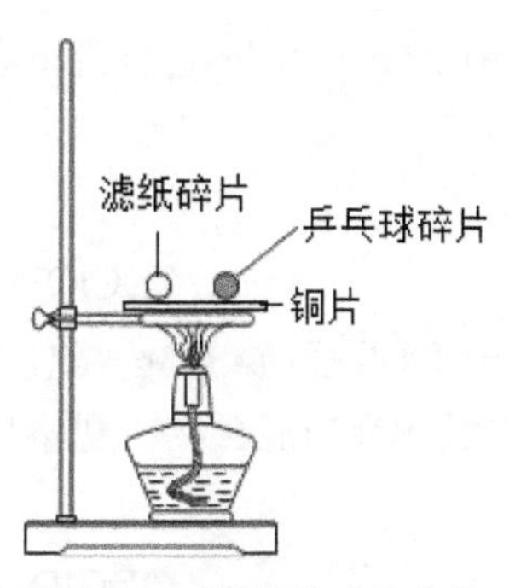

图6-6 可燃固体受热自燃

【问题讨论】 易燃固体着火或受热自燃的热源来源形式有哪些？

实验11 黄磷自燃

实验目的： 化学反应热对易燃固体自燃的影响。

实验原理： 在化学反应热的作用下，易燃固体受热发生燃烧。

实验用品： 镊子、小刀、蒸发皿、滴管、玻璃片、蜡烛、白纸。
黄磷、二硫化碳。

【操作】

1）取两粒2g大小的黄磷，用滤纸吸干水分，一颗置于玻片上，另一颗用纸包裹着，观察现象。

2）在一只蒸发皿中取10mL二硫化碳，加入一粒干燥的5g的黄磷，用玻璃棒搅拌使黄磷溶解，得到黄磷二硫化碳溶液。然后用一张白纸和一支蜡烛灯芯分别蘸取黄磷二硫化碳溶液，静置一段时间，观察现象。

反应式：

$$4P+3O_2 = 2P_2O_3 \text{（}O_2\text{不足）}$$

$$4P+5O_2 = 2P_2O_5 \text{（}O_2\text{充足）}$$

【问题讨论】 1. 黄磷如何保存？实验中为什么要把黄磷水分吸干？
2. 解释上述实验现象。

实验12 易燃固体遇强氧化剂燃烧爆炸

实验目的： 强氧化剂对易燃固体燃烧的影响。

实验原理： 还原剂遇强氧化剂发生燃烧爆炸。

实验用品： 玻璃棒、药勺、铁锤、手套。
硫黄粉、红磷、氯酸钾。

【操作】

1．取氯酸钾1.5g与0.5g硫黄粉小心混合，用纸包在一起，用铁锤锤一下，发出震耳的爆炸声。

反应式：

$$2KClO_3+3S=2KCl+3SO_2\uparrow$$

2．用称量天平称取红磷0.5g、氯酸钾1g。在金属盘上将红磷与氯酸钾混合均匀。用玻璃棒敲击红磷与氯酸钾的混合物，观察现象（图6-7）。

反应式：

$$5KClO_3+6P=5KCl+3P_2O_5$$

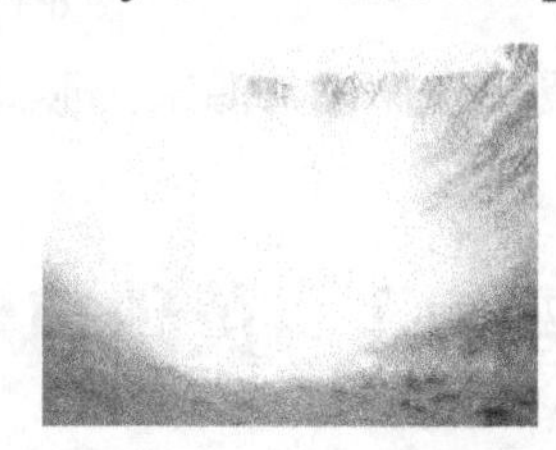

图6-7 用玻璃棒敲击红磷与氯酸钾的混合物

【注意事项】严格控制药品数量，混合动作要轻微，玻璃棒要长，戴上防护手套操作，防止危险。

【问题讨论】对此类危险化学品的管理应该注意哪些问题？

实验13 固体氧化剂助燃

实验目的：探究氧化剂对易燃固体的助燃作用。

实验原理：氧化剂在一定条件下反应放出热量的同时产生助燃气体氧气，导致易燃固体发生燃烧。

实验用品：石棉网、滴管。

Na_2O_2、脱脂棉、水。

【操作】

将包有过氧化钠（Na_2O_2）粉末的脱脂棉放在石棉网上，向棉花上滴几滴水，棉花立刻燃烧起来（图6-8）。

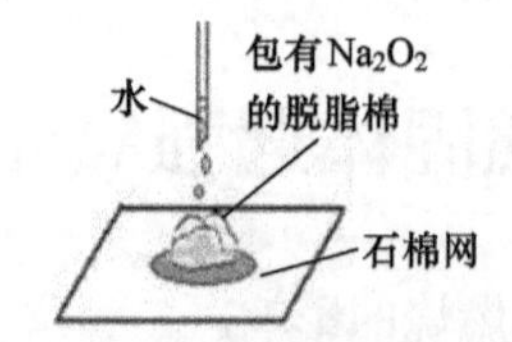

图6-8 氧化剂遇水放出氧气助燃

反应式：

$$2Na_2O_2+2H_2O=4NaOH+O_2\uparrow$$

【问题讨论】在此次实验中，为什么在水中能着火？试分析原因。

实验 14 液体氧化剂助燃

实验目的：探究液体氧化剂的助燃作用。
实验原理：氧化剂在一定条件下反应放出助燃气体氧气，导致易燃固体发生燃烧。
实验用品：铁架台、酒精灯、烧瓶、导管、水槽、U 形管、木条。
双氧水（H_2O_2）。

【操作】

在烧瓶中加入 50mL 的双氧水，用酒精灯加热，把带火星的木条伸入 U 形管口，观察木条是否复燃（图 6-9）。

反应式：

$$2H_2O_2 = 2H_2O + O_2\uparrow$$

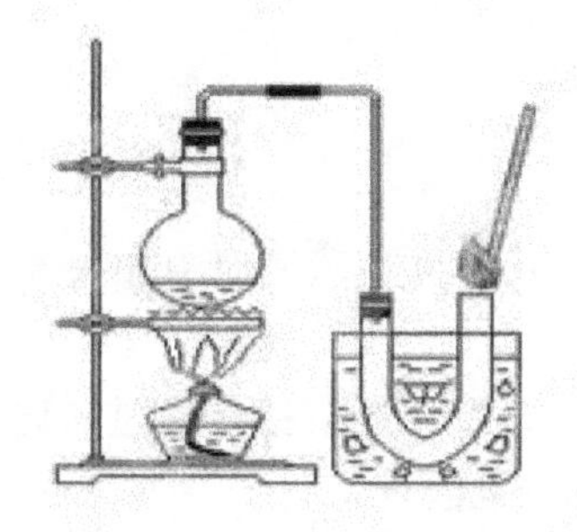

图 6-9 双氧水受热分解放出氧气助燃

【问题讨论】在此次实验中，水槽中为什么要使用冰水？

实验 15 浓硫酸的腐蚀性

实验目的：探究浓硫酸的腐蚀性。
实验原理：浓硫酸具有脱水、氧化性，会对物质进行强腐蚀。
实验用品：蒸发皿、玻璃棒、试管、白纸、棉布、锌片、石头。
浓硫酸、稀硫酸。

【操作】

1．用玻璃棒蘸少许浓硫酸分别滴在纸张、棉布上，观察实验现象。

2．把一小片锌、几粒石头分别放入 2 支试管中，加入 2～3mL 稀硫酸，观察现象。

反应式：

$$C_{12}H_{22}O_{11} \xrightarrow{H_2SO_4} 12C+11H_2O$$

$$C+2H_2SO_4 = CO_2\uparrow +2SO_2\uparrow +2H_2O$$

$$Zn+H_2SO_4 = ZnSO_4+H_2$$

$$CaCO_3+H_2SO_4 = CaSO_4+CO_2\uparrow +H_2O$$

【注意事项】浓硫酸具有较强的腐蚀性，使用时要避免皮肤接触到浓硫酸？

【问题讨论】1．稀释浓硫酸时要注意哪些问题？

2．浓硫酸泄漏事故处置中要注意哪些问题？

实验 16　氢氧化钠的腐蚀性

实验目的：探究氢氧化钠的腐蚀性。

实验原理：氢氧化钠具有较强的腐蚀性，对动物皮肤具有腐蚀作用。

实验用品：蒸发皿、小刀。

氢氧化钠、猪皮。

【操作】

把 3cm×2cm 的猪皮放入蒸发皿中，并在蒸发皿中加入 5g 氢氧化钠固体，放置一段时间后，观察实验现象。

【注意事项】使用氢氧化钠时，皮肤不能直接接触氢氧化钠固体。

【问题讨论】1．氢氧化钠有哪些危险性？

2．处置氢氧化钠事故时应注意哪些问题？

实验 17　硝酸的氧化腐蚀性

实验目的：探究硝酸的氧化性、腐蚀性。

实验原理：硝酸具有较强的腐蚀性，对金属制品如铜、锌等具有较强的腐蚀作用。

实验用品：蒸发皿、小刀。

铜片、硝酸。

【操作】

组装好实验装置，在左侧试管中加入 2g 铜片和 10mL 稀硝酸，右侧试管中加入 10mL 浓度为 20%的氢氧化钠溶液，观察实验现象（图 6-10）。

反应式：

$$3Cu+8HNO_3（稀）= 3Cu(NO_3)_2+2NO\uparrow +4H_2O$$

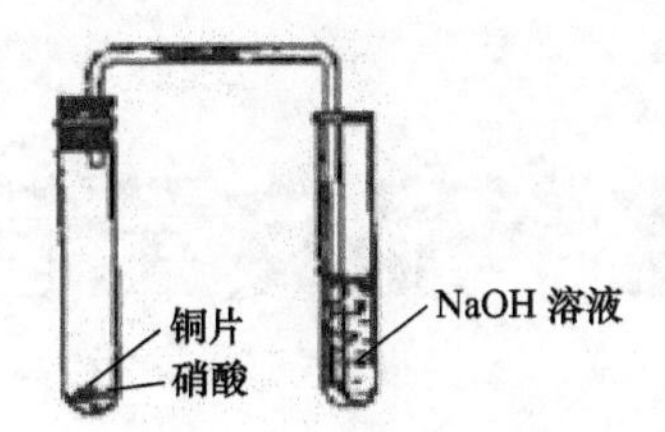

图 6-10 硝酸与铜反应实验装置

【注意事项】使用硝酸时，皮肤不能直接接触硝酸。

【问题讨论】1．硝酸具有哪些危险性？

2．处置硝酸泄漏事故时应注意哪些问题？

附录　危险化学品安全管理条例

中华人民共和国国务院令

第 591 号

《危险化学品安全管理条例》已经 2011 年 2 月 16 日国务院第 144 次常务会议修订通过，现将修订后的《危险化学品安全管理条例》公布，自 2011 年 12 月 1 日起施行。

总理　温家宝

二〇一一年三月二日

危险化学品安全管理条例

（2002 年 1 月 26 日中华人民共和国国务院令第 344 号公布　2011 年 2 月 16 日国务院第 144 次常务会议修订通过）

第一章　总　　则

第一条　为了加强危险化学品的安全管理，预防和减少危险化学品事故，保障人民群众生命财产安全，保护环境，制定本条例。

第二条　危险化学品生产、储存、使用、经营和运输的安全管理，适用本条例。

废弃危险化学品的处置，依照有关环境保护的法律、行政法规和国家有关规定执行。

第三条　本条例所称危险化学品，是指具有毒害、腐蚀、爆炸、燃烧、助燃等性质，对人体、设施、环境具有危害的剧毒化学品和其他化学品。

危险化学品目录，由国务院安全生产监督管理部门会同国务院工业和信息化、公安、环境保护、卫生、质量监督检验检疫、交通运输、铁路、民用航空、农业主管部门，根据化学品危险特性的鉴别和分类标准确定、公布，并适时调整。

第四条　危险化学品安全管理，应当坚持安全第一、预防为主、综合治理的方针，强化和落实企业的主体责任。

生产、储存、使用、经营、运输危险化学品的单位（以下统称危险化学品单位）的主要负责人对本单位的危险化学品安全管理工作全面负责。

危险化学品单位应当具备法律、行政法规规定和国家标准、行业标准要求的安全条件，建立、健全安全管理规章制度和岗位安全责任制度，对从业人员进行安全教育、法制教育和岗位技术培训。从业人员应当接受教育和培训，考核合格后上岗作业；对有资格要求的岗位，应当配备依法取得相应资格的人员。

第五条　任何单位和个人不得生产、经营、使用国家禁止生产、经营、使用的危险化学品。

国家对危险化学品的使用有限制性规定的，任何单位和个人不得违反限制性规定使用危险化学品。

第六条　对危险化学品的生产、储存、使用、经营、运输实施安全监督管理的有关部门（以下统称负有危险化学品安全监督管理职责的部门），依照下列规定履行职责：

（一）安全生产监督管理部门负责危险化学品安全监督管理综合工作，组织确定、公布、调整危险化学品目录，对新建、改建、扩建生产、储存危险化学品（包括使用长输管道输送危险化学品，下同）的建设项目进行安全条件审查，核发危险化学品安全生产许可证、危险化学品安全使用许可证和危险化学品经营许可证，并负责危险化学品登记工作。

（二）公安机关负责危险化学品的公共安全管理，核发剧毒化学品购买许可证、剧毒化学品道路运输通行证，并负责危险化学品运输车辆的道路交通安全管理。

（三）质量监督检验检疫部门负责核发危险化学品及其包装物、容器（不包括储存危险化学品的固定式大型储罐，下同）生产企业的工业产品生产许可证，并依法对其产品质量实施监督，负责对进出口危险化学品及其包装实施检验。

（四）环境保护主管部门负责废弃危险化学品处置的监督管理，组织危险化学品的环境危害性鉴定和环境风险程度评估，确定实施重点环境管理的危险化学品，负责危险化学品环境管理登记和新化学物质环境管理登记；依照职责分工调查相关危险化学品环境污染事故和生态破坏事件，负责危险化学品事故现场的应急环境监测。

（五）交通运输主管部门负责危险化学品道路运输、水路运输的许可以及运输工具的安全管理，对危险化学品水路运输安全实施监督，负责危险化学品道路运输企业、水路运输企业驾驶人员、船员、装卸管理人员、押运人员、申报人员、集装箱装箱现场检查员的资格认定。铁路主管部门负责危险化学品铁路运输的安全管理，负责危险化学品铁路运输承运人、托运人的资质审批及其运输工具的安全管理。民用航空主管部门负责危险化学品航空运输以及航空运输企业及其运输工具的安全管理。

（六）卫生主管部门负责危险化学品毒性鉴定的管理，负责组织、协调危险化学品事故受伤人员的医疗卫生救援工作。

（七）工商行政管理部门依据有关部门的许可证件，核发危险化学品生产、储存、经营、运输企业营业执照，查处危险化学品经营企业违法采购危险化学品的行为。

（八）邮政管理部门负责依法查处寄递危险化学品的行为。

第七条　负有危险化学品安全监督管理职责的部门依法进行监督检查，可以采取下列措施：

（一）进入危险化学品作业场所实施现场检查，向有关单位和人员了解情况，查阅、复制有关文件、资料。

（二）发现危险化学品事故隐患，责令立即消除或者限期消除。

（三）对不符合法律、行政法规、规章规定或者国家标准、行业标准要求的设施、设备、装置、器材、运输工具，责令立即停止使用。

（四）经本部门主要负责人批准，查封违法生产、储存、使用、经营危险化学品的场所，扣押违法生产、储存、使用、经营、运输的危险化学品以及用于违法生产、使用、运输危险化学品的原材料、设备、运输工具。

（五）发现影响危险化学品安全的违法行为，当场予以纠正或者责令限期改正。

负有危险化学品安全监督管理职责的部门依法进行监督检查，监督检查人员不得少于 2 人，并应当出示执法证件；有关单位和个人对依法进行的监督检查应当予以配合，不得拒绝、阻碍。

第八条　县级以上人民政府应当建立危险化学品安全监督管理工作协调机制，支持、督促负有危险化学品安全监督管理职责的部门依法履行职责，协调、解决危险化学品安全监督管理工作中的重大问题。

负有危险化学品安全监督管理职责的部门应当相互配合、密切协作，依法加强对危险化学品的安全监督管理。

第九条　任何单位和个人对违反本条例规定的行为，有权向负有危险化学品安全监督管理职责的部门举报。负有危险化学品安全监督管理职责的部门接到举报，应当及时依法处理；对不属于本部门职责的，应当及时移送有关部门处理。

第十条　国家鼓励危险化学品生产企业和使用危险化学品从事生产的企业采用有利于提高安全保障水平的先进技术、工艺、设备以及自动控制系统，鼓励对危险化学品实行专门储存、统一配送、集中销售。

第二章　生产、储存安全

第十一条　国家对危险化学品的生产、储存实行统筹规划、合理布局。

国务院工业和信息化主管部门以及国务院其他有关部门依据各自职责，负责危险化学品生产、储存的行业规划和布局。

地方人民政府组织编制城乡规划，应当根据本地区的实际情况，按照确保安全的原则，规划适当区域专门用于危险化学品的生产、储存。

第十二条　新建、改建、扩建生产、储存危险化学品的建设项目（以下简称建设项目），应当由安全生产监督管理部门进行安全条件审查。

建设单位应当对建设项目进行安全条件论证，委托具备国家规定的资质条件的机构对建设项目进行安全评价，并将安全条件论证和安全评价的情况报告报建设项目所在地设区的市级以上人民政府安全生产监督管理部门；安全生产监督管理部门应当自收到报告之日起 45 日内作出审查决定，并书面通知建设单位。具体办法由国务院安全生产监督管理部门制定。

新建、改建、扩建储存、装卸危险化学品的港口建设项目，由港口行政管理部门按照国务院交通运输主管部门的规定进行安全条件审查。

第十三条　生产、储存危险化学品的单位，应当对其铺设的危险化学品管道设置明显标志，并对危险化学品管道定期检查、检测。

进行可能危及危险化学品管道安全的施工作业，施工单位应当在开工的 7 日前书面通知管道所属单位，并与管道所属单位共同制定应急预案，采取相应的安全防护措施。管道所属单位应当指派专门人员到现场进行管道安全保护指导。

第十四条　危险化学品生产企业进行生产前，应当依照《安全生产许可证条例》的规定，取得危险化学品安全生产许可证。

生产列入国家实行生产许可证制度的工业产品目录的危险化学品的企业，应当依照《中华人民共和国工业产品生产许可证管理条例》的规定，取得工业产品生产许可证。

负责颁发危险化学品安全生产许可证、工业产品生产许可证的部门，应当将其颁发许可证的情况及时向同级工业和信息化主管部门、环境保护主管部门和公安机关通报。

第十五条　危险化学品生产企业应当提供与其生产的危险化学品相符的化学品安全技术说明书，并在危险化学品包装（包括外包装件）上粘贴或者拴挂与包装内危险化学品相符的化学品安全标签。化学品安全技术说明书和化学品安全标签所载明的内容应当符合国家标准的要求。

危险化学品生产企业发现其生产的危险化学品有新的危险特性的，应当立即公告，并及时修订其化学品安全技术说明书和化学品安全标签。

第十六条　生产实施重点环境管理的危险化学品的企业，应当按照国务院环境保护主管部门的规定，将该危险化学品向环境中释放等相关信息向环境保护主管部门报告。环境保护主管部门可以根据情况采取相应的环境风险控制措施。

第十七条　危险化学品的包装应当符合法律、行政法规、规章的规定以及国家标准、行业标准的要求。

危险化学品包装物、容器的材质以及危险化学品包装的型式、规格、方法和单件质量（重量），应当与所包装的危险化学品的性质和用途相适应。

第十八条　生产列入国家实行生产许可证制度的工业产品目录的危险化学品包装物、容器的企业，应当依照《中华人民共和国工业产品生产许可证管理条例》的规定，取得工业产品生产许可证；其生产的危险化学品包装物、容器经国务院质量监督检验检疫部门认定的检验机构检验合格，方可出厂销售。

运输危险化学品的船舶及其配载的容器，应当按照国家船舶检验规范进行生产，并经海事管理机构认定的船舶检验机构检验合格，方可投入使用。

对重复使用的危险化学品包装物、容器，使用单位在重复使用前应当进行检查；发现存在安全隐患的，应当维修或者更换。使用单位应当对检查情况作出记录，记录的保存期限不得少于 2 年。

第十九条　危险化学品生产装置或者储存数量构成重大危险源的危险化学品储存设施（运输工具加油站、加气站除外），与下列场所、设施、区域的距离应当符合国家有关规定：

（一）居住区以及商业中心、公园等人员密集场所。

（二）学校、医院、影剧院、体育场（馆）等公共设施。

（三）饮用水源、水厂以及水源保护区。

（四）车站、码头（依法经许可从事危险化学品装卸作业的除外）、机场以及通信干线、通信枢纽、铁路线路、道路交通干线、水路交通干线、地铁风亭以及地铁站出入口。

（五）基本农田保护区、基本草原、畜禽遗传资源保护区、畜禽规模化养殖场（养殖小区）、渔业水域以及种子、种畜禽、水产苗种生产基地。

（六）河流、湖泊、风景名胜区、自然保护区。

（七）军事禁区、军事管理区。

（八）法律、行政法规规定的其他场所、设施、区域。

已建的危险化学品生产装置或者储存数量构成重大危险源的危险化学品储存设施不符

合前款规定的，由所在地设区的市级人民政府安全生产监督管理部门会同有关部门监督其所属单位在规定期限内进行整改；需要转产、停产、搬迁、关闭的，由本级人民政府决定并组织实施。

储存数量构成重大危险源的危险化学品储存设施的选址，应当避开地震活动断层和容易发生洪灾、地质灾害的区域。

本条例所称重大危险源，是指生产、储存、使用或者搬运危险化学品，且危险化学品的数量等于或者超过临界量的单元（包括场所和设施）。

第二十条　生产、储存危险化学品的单位，应当根据其生产、储存的危险化学品的种类和危险特性，在作业场所设置相应的监测、监控、通风、防晒、调温、防火、灭火、防爆、泄压、防毒、中和、防潮、防雷、防静电、防腐、防泄漏以及防护围堤或者隔离操作等安全设施、设备，并按照国家标准、行业标准或者国家有关规定对安全设施、设备进行经常性维护、保养，保证安全设施、设备的正常使用。

生产、储存危险化学品的单位，应当在其作业场所和安全设施、设备上设置明显的安全警示标志。

第二十一条　生产、储存危险化学品的单位，应当在其作业场所设置通信、报警装置，并保证处于适用状态。

第二十二条　生产、储存危险化学品的企业，应当委托具备国家规定的资质条件的机构，对本企业的安全生产条件每 3 年进行一次安全评价，提出安全评价报告。安全评价报告的内容应当包括对安全生产条件存在的问题进行整改的方案。

生产、储存危险化学品的企业，应当将安全评价报告以及整改方案的落实情况报所在地县级人民政府安全生产监督管理部门备案。在港区内储存危险化学品的企业，应当将安全评价报告以及整改方案的落实情况报港口行政管理部门备案。

第二十三条　生产、储存剧毒化学品或者国务院公安部门规定的可用于制造爆炸物品的危险化学品（以下简称易制爆危险化学品）的单位，应当如实记录其生产、储存的剧毒化学品、易制爆危险化学品的数量、流向，并采取必要的安全防范措施，防止剧毒化学品、易制爆危险化学品丢失或者被盗；发现剧毒化学品、易制爆危险化学品丢失或者被盗的，应当立即向当地公安机关报告。

生产、储存剧毒化学品、易制爆危险化学品的单位，应当设置治安保卫机构，配备专职治安保卫人员。

第二十四条　危险化学品应当储存在专用仓库、专用场地或者专用储存室（以下统称专用仓库）内，并由专人负责管理；剧毒化学品以及储存数量构成重大危险源的其他危险化学品，应当在专用仓库内单独存放，并实行双人收发、双人保管制度。

危险化学品的储存方式、方法以及储存数量应当符合国家标准或者国家有关规定。

第二十五条　储存危险化学品的单位应当建立危险化学品出入库核查、登记制度。

对剧毒化学品以及储存数量构成重大危险源的其他危险化学品，储存单位应当将其储存数量、储存地点以及管理人员的情况，报所在地县级人民政府安全生产监督管理部门（在港区内储存的，报港口行政管理部门）和公安机关备案。

第二十六条　危险化学品专用仓库应当符合国家标准、行业标准的要求，并设置明显的标志。储存剧毒化学品、易制爆危险化学品的专用仓库，应当按照国家有关规定设置相应的技术防范设施。

储存危险化学品的单位应当对其危险化学品专用仓库的安全设施、设备定期进行检测、检验。

第二十七条　生产、储存危险化学品的单位转产、停产、停业或者解散的，应当采取有效措施，及时、妥善处置其危险化学品生产装置、储存设施以及库存的危险化学品，不得丢弃危险化学品；处置方案应当报所在地县级人民政府安全生产监督管理部门、工业和信息化主管部门、环境保护主管部门和公安机关备案。安全生产监督管理部门应当会同环境保护主管部门和公安机关对处置情况进行监督检查，发现未依照规定处置的，应当责令其立即处置。

第三章　使用安全

第二十八条　使用危险化学品的单位，其使用条件（包括工艺）应当符合法律、行政法规的规定和国家标准、行业标准的要求，并根据所使用的危险化学品的种类、危险特性以及使用量和使用方式，建立、健全使用危险化学品的安全管理规章制度和安全操作规程，保证危险化学品的安全使用。

第二十九条　使用危险化学品从事生产并且使用量达到规定数量的化工企业（属于危险化学品生产企业的除外，下同），应当依照本条例的规定取得危险化学品安全使用许可证。

前款规定的危险化学品使用量的数量标准，由国务院安全生产监督管理部门会同国务院公安部门、农业主管部门确定并公布。

第三十条　申请危险化学品安全使用许可证的化工企业，除应当符合本条例第二十八条的规定外，还应当具备下列条件：

（一）有与所使用的危险化学品相适应的专业技术人员。

（二）有安全管理机构和专职安全管理人员。

（三）有符合国家规定的危险化学品事故应急预案和必要的应急救援器材、设备。

（四）依法进行了安全评价。

第三十一条　申请危险化学品安全使用许可证的化工企业，应当向所在地设区的市级人民政府安全生产监督管理部门提出申请，并提交其符合本条例第三十条规定条件的证明材料。设区的市级人民政府安全生产监督管理部门应当依法进行审查，自收到证明材料之日起45日内作出批准或者不予批准的决定。予以批准的，颁发危险化学品安全使用许可证；不予批准的，书面通知申请人并说明理由。

安全生产监督管理部门应当将其颁发危险化学品安全使用许可证的情况及时向同级环境保护主管部门和公安机关通报。

第三十二条　本条例第十六条关于生产实施重点环境管理的危险化学品的企业的规定，适用于使用实施重点环境管理的危险化学品从事生产的企业；第二十条、第二十一条、第二十三条第一款、第二十七条关于生产、储存危险化学品的单位的规定，适用于使用危险化学品的单位；第二十二条关于生产、储存危险化学品的企业的规定，适用于使用危险化学品从事生产的企业。

第四章 经营安全

第三十三条　国家对危险化学品经营（包括仓储经营，下同）实行许可制度。未经许可，任何单位和个人不得经营危险化学品。

依法设立的危险化学品生产企业在其厂区范围内销售本企业生产的危险化学品，不需要取得危险化学品经营许可。

依照《中华人民共和国港口法》的规定取得港口经营许可证的港口经营人，在港区内从事危险化学品仓储经营，不需要取得危险化学品经营许可。

第三十四条　从事危险化学品经营的企业应当具备下列条件：

（一）有符合国家标准、行业标准的经营场所，储存危险化学品的，还应当有符合国家标准、行业标准的储存设施。

（二）从业人员经过专业技术培训并经考核合格。

（三）有健全的安全管理规章制度。

（四）有专职安全管理人员。

（五）有符合国家规定的危险化学品事故应急预案和必要的应急救援器材、设备。

（六）法律、法规规定的其他条件。

第三十五条　从事剧毒化学品、易制爆危险化学品经营的企业，应当向所在地设区的市级人民政府安全生产监督管理部门提出申请，从事其他危险化学品经营的企业，应当向所在地县级人民政府安全生产监督管理部门提出申请（有储存设施的，应当向所在地设区的市级人民政府安全生产监督管理部门提出申请）。

申请人应当提交其符合本条例第三十四条规定条件的证明材料。设区的市级人民政府安全生产监督管理部门或者县级人民政府安全生产监督管理部门应当依法进行审查，并对申请人的经营场所、储存设施进行现场核查，自收到证明材料之日起 30 日内作出批准或者不予批准的决定。予以批准的，颁发危险化学品经营许可证；不予批准的，书面通知申请人并说明理由。

设区的市级人民政府安全生产监督管理部门和县级人民政府安全生产监督管理部门应当将其颁发危险化学品经营许可证的情况及时向同级环境保护主管部门和公安机关通报。

申请人持危险化学品经营许可证向工商行政管理部门办理登记手续后，方可从事危险化学品经营活动。法律、行政法规或者国务院规定经营危险化学品还需要经其他有关部门许可的，申请人向工商行政管理部门办理登记手续时还应当持相应的许可证件。

第三十六条　危险化学品经营企业储存危险化学品的，应当遵守本条例第二章关于储存危险化学品的规定。危险化学品商店内只能存放民用小包装的危险化学品。

第三十七条　危险化学品经营企业不得向未经许可从事危险化学品生产、经营活动的企业采购危险化学品，不得经营没有化学品安全技术说明书或者化学品安全标签的危险化学品。

第三十八条　依法取得危险化学品安全生产许可证、危险化学品安全使用许可证、危险化学品经营许可证的企业，凭相应的许可证件购买剧毒化学品、易制爆危险化学品。民用爆炸物品生产企业凭民用爆炸物品生产许可证购买易制爆危险化学品。

前款规定以外的单位购买剧毒化学品的，应当向所在地县级人民政府公安机关申请取得剧毒化学品购买许可证；购买易制爆危险化学品的，应当持本单位出具的合法用途说明。

个人不得购买剧毒化学品（属于剧毒化学品的农药除外）和易制爆危险化学品。

第三十九条　申请取得剧毒化学品购买许可证，申请人应当向所在地县级人民政府公安机关提交下列材料：

（一）营业执照或者法人证书（登记证书）的复印件。

（二）拟购买的剧毒化学品品种、数量的说明。

（三）购买剧毒化学品用途的说明。

（四）经办人的身份证明。

县级人民政府公安机关应当自收到前款规定的材料之日起3日内，作出批准或者不予批准的决定。予以批准的，颁发剧毒化学品购买许可证；不予批准的，书面通知申请人并说明理由。

剧毒化学品购买许可证管理办法由国务院公安部门制定。

第四十条　危险化学品生产企业、经营企业销售剧毒化学品、易制爆危险化学品，应当查验本条例第三十八条第一款、第二款规定的相关许可证件或者证明文件，不得向不具有相关许可证件或者证明文件的单位销售剧毒化学品、易制爆危险化学品。对持剧毒化学品购买许可证购买剧毒化学品的，应当按照许可证载明的品种、数量销售。

禁止向个人销售剧毒化学品（属于剧毒化学品的农药除外）和易制爆危险化学品。

第四十一条　危险化学品生产企业、经营企业销售剧毒化学品、易制爆危险化学品，应当如实记录购买单位的名称、地址、经办人的姓名、身份证号码以及所购买的剧毒化学品、易制爆危险化学品的品种、数量、用途。销售记录以及经办人的身份证明复印件、相关许可证件复印件或者证明文件的保存期限不得少于1年。

剧毒化学品、易制爆危险化学品的销售企业、购买单位应当在销售、购买后5日内，将所销售、购买的剧毒化学品、易制爆危险化学品的品种、数量以及流向信息报所在地县级人民政府公安机关备案，并输入计算机系统。

第四十二条　使用剧毒化学品、易制爆危险化学品的单位不得出借、转让其购买的剧毒化学品、易制爆危险化学品；因转产、停产、搬迁、关闭等确需转让的，应当向具有本条例第三十八条第一款、第二款规定的相关许可证件或者证明文件的单位转让，并在转让后将有关情况及时向所在地县级人民政府公安机关报告。

第五章　运输安全

第四十三条　从事危险化学品道路运输、水路运输的，应当分别依照有关道路运输、水路运输的法律、行政法规的规定，取得危险货物道路运输许可、危险货物水路运输许可，并向工商行政管理部门办理登记手续。

危险化学品道路运输企业、水路运输企业应当配备专职安全管理人员。

第四十四条　危险化学品道路运输企业、水路运输企业的驾驶人员、船员、装卸管理人员、押运人员、申报人员、集装箱装箱现场检查员应当经交通运输主管部门考核合格，取得从业资格。具体办法由国务院交通运输主管部门制定。

危险化学品的装卸作业应当遵守安全作业标准、规程和制度，并在装卸管理人员的现场指挥或者监控下进行。水路运输危险化学品的集装箱装箱作业应当在集装箱装箱现场检查员的指挥或者监控下进行，并符合积载、隔离的规范和要求；装箱作业完毕后，集装箱装箱现场检查员应当签署装箱证明书。

第四十五条　运输危险化学品，应当根据危险化学品的危险特性采取相应的安全防护措施，并配备必要的防护用品和应急救援器材。

用于运输危险化学品的槽罐以及其他容器应当封口严密，能够防止危险化学品在运输过程中因温度、湿度或者压力的变化发生渗漏、洒漏；槽罐以及其他容器的溢流和泄压装置应当设置准确、起闭灵活。

运输危险化学品的驾驶人员、船员、装卸管理人员、押运人员、申报人员、集装箱装箱现场检查员，应当了解所运输的危险化学品的危险特性及其包装物、容器的使用要求和出现危险情况时的应急处置方法。

第四十六条　通过道路运输危险化学品的，托运人应当委托依法取得危险货物道路运输许可的企业承运。

第四十七条　通过道路运输危险化学品的，应当按照运输车辆的核定载质量装载危险化学品，不得超载。

危险化学品运输车辆应当符合国家标准要求的安全技术条件，并按照国家有关规定定期进行安全技术检验。

危险化学品运输车辆应当悬挂或者喷涂符合国家标准要求的警示标志。

第四十八条　通过道路运输危险化学品的，应当配备押运人员，并保证所运输的危险化学品处于押运人员的监控之下。

运输危险化学品途中因住宿或者发生影响正常运输的情况，需要较长时间停车的，驾驶人员、押运人员应当采取相应的安全防范措施；运输剧毒化学品或者易制爆危险化学品的，还应当向当地公安机关报告。

第四十九条　未经公安机关批准，运输危险化学品的车辆不得进入危险化学品运输车辆限制通行的区域。危险化学品运输车辆限制通行的区域由县级人民政府公安机关划定，并设置明显的标志。

第五十条　通过道路运输剧毒化学品的，托运人应当向运输始发地或者目的地县级人民政府公安机关申请剧毒化学品道路运输通行证。

申请剧毒化学品道路运输通行证，托运人应当向县级人民政府公安机关提交下列材料：

（一）拟运输的剧毒化学品品种、数量的说明。

（二）运输始发地、目的地、运输时间和运输路线的说明。

（三）承运人取得危险货物道路运输许可、运输车辆取得营运证以及驾驶人员、押运人员取得上岗资格的证明文件。

（四）本条例第三十八条第一款、第二款规定的购买剧毒化学品的相关许可证件，或者海关出具的进出口证明文件。

县级人民政府公安机关应当自收到前款规定的材料之日起 7 日内，作出批准或者不予批准的决定。予以批准的，颁发剧毒化学品道路运输通行证；不予批准的，书面通知申请人并说明理由。

剧毒化学品道路运输通行证管理办法由国务院公安部门制定。

第五十一条　剧毒化学品、易制爆危险化学品在道路运输途中丢失、被盗、被抢或者出现流散、泄漏等情况的，驾驶人员、押运人员应当立即采取相应的警示措施和安全措施，并向当地公安机关报告。公安机关接到报告后，应当根据实际情况立即向安全生产监督管理部门、环境保护主管部门、卫生主管部门通报。有关部门应当采取必要的应急处置措施。

第五十二条　通过水路运输危险化学品的，应当遵守法律、行政法规以及国务院交通运输主管部门关于危险货物水路运输安全的规定。

第五十三条　海事管理机构应当根据危险化学品的种类和危险特性，确定船舶运输危险化学品的相关安全运输条件。

拟交付船舶运输的化学品的相关安全运输条件不明确的，应当经国家海事管理机构认定的机构进行评估，明确相关安全运输条件并经海事管理机构确认后，方可交付船舶运输。

第五十四条　禁止通过内河封闭水域运输剧毒化学品以及国家规定禁止通过内河运输的其他危险化学品。

前款规定以外的内河水域，禁止运输国家规定禁止通过内河运输的剧毒化学品以及其他危险化学品。

禁止通过内河运输的剧毒化学品以及其他危险化学品的范围，由国务院交通运输主管部门会同国务院环境保护主管部门、工业和信息化主管部门、安全生产监督管理部门，根据危险化学品的危险特性、危险化学品对人体和水环境的危害程度以及消除危害后果的难易程度等因素规定并公布。

第五十五条　国务院交通运输主管部门应当根据危险化学品的危险特性，对通过内河运输本条例第五十四条规定以外的危险化学品（以下简称通过内河运输危险化学品）实行分类管理，对各类危险化学品的运输方式、包装规范和安全防护措施等分别作出规定并监督实施。

第五十六条　通过内河运输危险化学品，应当由依法取得危险货物水路运输许可的水路运输企业承运，其他单位和个人不得承运。托运人应当委托依法取得危险货物水路运输许可的水路运输企业承运，不得委托其他单位和个人承运。

第五十七条　通过内河运输危险化学品，应当使用依法取得危险货物适装证书的运输船舶。水路运输企业应当针对所运输的危险化学品的危险特性，制定运输船舶危险化学品事故应急救援预案，并为运输船舶配备充足、有效的应急救援器材和设备。

通过内河运输危险化学品的船舶，其所有人或者经营人应当取得船舶污染损害责任保险证书或者财务担保证明。船舶污染损害责任保险证书或者财务担保证明的副本应当随船携带。

第五十八条　通过内河运输危险化学品，危险化学品包装物的材质、型式、强度以及包装方法应当符合水路运输危险化学品包装规范的要求。国务院交通运输主管部门对单船运输的危险化学品数量有限制性规定的，承运人应当按照规定安排运输数量。

第五十九条　用于危险化学品运输作业的内河码头、泊位应当符合国家有关安全规范，与饮用水取水口保持国家规定的距离。有关管理单位应当制定码头、泊位危险化学品事故应急预案，并为码头、泊位配备充足、有效的应急救援器材和设备。

用于危险化学品运输作业的内河码头、泊位，经交通运输主管部门按照国家有关规定验收合格后方可投入使用。

第六十条　船舶载运危险化学品进出内河港口，应当将危险化学品的名称、危险特性、包装以及进出港时间等事项，事先报告海事管理机构。海事管理机构接到报告后，应当在国务院交通运输主管部门规定的时间内作出是否同意的决定，通知报告人，同时通报港口行政管理部门。定船舶、定航线、定货种的船舶可以定期报告。

在内河港口内进行危险化学品的装卸、过驳作业，应当将危险化学品的名称、危险特性、包装和作业的时间、地点等事项报告港口行政管理部门。港口行政管理部门接到报告后，应当在国务院交通运输主管部门规定的时间内作出是否同意的决定，通知报告人，同时通报海事管理机构。

载运危险化学品的船舶在内河航行，通过过船建筑物的，应当提前向交通运输主管部门申报，并接受交通运输主管部门的管理。

第六十一条　载运危险化学品的船舶在内河航行、装卸或者停泊，应当悬挂专用的警示标志，按照规定显示专用信号。

载运危险化学品的船舶在内河航行，按照国务院交通运输主管部门的规定需要引航的，应当申请引航。

第六十二条　载运危险化学品的船舶在内河航行，应当遵守法律、行政法规和国家其他有关饮用水水源保护的规定。内河航道发展规划应当与依法经批准的饮用水水源保护区划定方案相协调。

第六十三条　托运危险化学品的，托运人应当向承运人说明所托运的危险化学品的种类、数量、危险特性以及发生危险情况的应急处置措施，并按照国家有关规定对所托运的危险化学品妥善包装，在外包装上设置相应的标志。

运输危险化学品需要添加抑制剂或者稳定剂的，托运人应当添加，并将有关情况告知承运人。

第六十四条　托运人不得在托运的普通货物中夹带危险化学品，不得将危险化学品匿报或者谎报为普通货物托运。

任何单位和个人不得交寄危险化学品或者在邮件、快件内夹带危险化学品，不得将危险化学品匿报或者谎报为普通物品交寄。邮政企业、快递企业不得收寄危险化学品。

对涉嫌违反本条第一款、第二款规定的，交通运输主管部门、邮政管理部门可以依法开拆查验。

第六十五条　通过铁路、航空运输危险化学品的安全管理，依照有关铁路、航空运输的法律、行政法规、规章的规定执行。

第六章　危险化学品登记与事故应急救援

第六十六条　国家实行危险化学品登记制度，为危险化学品安全管理以及危险化学品事故预防和应急救援提供技术、信息支持。

第六十七条　危险化学品生产企业、进口企业，应当向国务院安全生产监督管理部门负责危险化学品登记的机构（以下简称危险化学品登记机构）办理危险化学品登记。

危险化学品登记包括下列内容：

（一）分类和标签信息。

（二）物理、化学性质。

（三）主要用途。

（四）危险特性。

（五）储存、使用、运输的安全要求。

（六）出现危险情况的应急处置措施。

对同一企业生产、进口的同一品种的危险化学品，不进行重复登记。危险化学品生产企业、进口企业发现其生产、进口的危险化学品有新的危险特性的，应当及时向危险化学品登记机构办理登记内容变更手续。

危险化学品登记的具体办法由国务院安全生产监督管理部门制定。

第六十八条　危险化学品登记机构应当定期向工业和信息化、环境保护、公安、卫生、交通运输、铁路、质量监督检验检疫等部门提供危险化学品登记的有关信息和资料。

第六十九条　县级以上地方人民政府安全生产监督管理部门应当会同工业和信息化、环境保护、公安、卫生、交通运输、铁路、质量监督检验检疫等部门，根据本地区实际情况，制定危险化学品事故应急预案，报本级人民政府批准。

第七十条　危险化学品单位应当制定本单位危险化学品事故应急预案，配备应急救援人员和必要的应急救援器材、设备，并定期组织应急救援演练。

危险化学品单位应当将其危险化学品事故应急预案报所在地设区的市级人民政府安全生产监督管理部门备案。

第七十一条　发生危险化学品事故，事故单位主要负责人应当立即按照本单位危险化学品应急预案组织救援，并向当地安全生产监督管理部门和环境保护、公安、卫生主管部门报告；道路运输、水路运输过程中发生危险化学品事故的，驾驶人员、船员或者押运人员还应当向事故发生地交通运输主管部门报告。

第七十二条　发生危险化学品事故，有关地方人民政府应当立即组织安全生产监督管理、环境保护、公安、卫生、交通运输等有关部门，按照本地区危险化学品事故应急预案组织实施救援，不得拖延、推诿。

有关地方人民政府及其有关部门应当按照下列规定，采取必要的应急处置措施，减少事故损失，防止事故蔓延、扩大：

（一）立即组织营救和救治受害人员，疏散、撤离或者采取其他措施保护危害区域内的其他人员。

（二）迅速控制危害源，测定危险化学品的性质、事故的危害区域及危害程度。

（三）针对事故对人体、动植物、土壤、水源、大气造成的现实危害和可能产生的危害，迅速采取封闭、隔离、洗消等措施。

（四）对危险化学品事故造成的环境污染和生态破坏状况进行监测、评估，并采取相应的环境污染治理和生态修复措施。

第七十三条　有关危险化学品单位应当为危险化学品事故应急救援提供技术指导和必要的协助。

第七十四条　危险化学品事故造成环境污染的，由设区的市级以上人民政府环境保护主管部门统一发布有关信息。

第七章　法 律 责 任

第七十五条　生产、经营、使用国家禁止生产、经营、使用的危险化学品的，由安全生产监督管理部门责令停止生产、经营、使用活动，处20万元以上50万元以下的罚款，有违法所得的，没收违法所得；构成犯罪的，依法追究刑事责任。

有前款规定行为的，安全生产监督管理部门还应当责令其对所生产、经营、使用的危险化学品进行无害化处理。

违反国家关于危险化学品使用的限制性规定使用危险化学品的，依照本条第一款的规定处理。

第七十六条　未经安全条件审查，新建、改建、扩建生产、储存危险化学品的建设项目的，由安全生产监督管理部门责令停止建设，限期改正；逾期不改正的，处50万元以上100万元以下的罚款；构成犯罪的，依法追究刑事责任。

未经安全条件审查，新建、改建、扩建储存、装卸危险化学品的港口建设项目的，由港口行政管理部门依照前款规定予以处罚。

第七十七条　未依法取得危险化学品安全生产许可证从事危险化学品生产，或者未依法取得工业产品生产许可证从事危险化学品及其包装物、容器生产的，分别依照《安全生产许可证条例》《中华人民共和国工业产品生产许可证管理条例》的规定处罚。

违反本条例规定，化工企业未取得危险化学品安全使用许可证，使用危险化学品从事生产的，由安全生产监督管理部门责令限期改正，处10万元以上20万元以下的罚款；逾期不改正的，责令停产整顿。

违反本条例规定，未取得危险化学品经营许可证从事危险化学品经营的，由安全生产监督管理部门责令停止经营活动，没收违法经营的危险化学品以及违法所得，并处10万元以上20万元以下的罚款；构成犯罪的，依法追究刑事责任。

第七十八条　有下列情形之一的，由安全生产监督管理部门责令改正，可以处5万元以下的罚款；拒不改正的，处5万元以上10万元以下的罚款；情节严重的，责令停产停业整顿：

（一）生产、储存危险化学品的单位未对其铺设的危险化学品管道设置明显的标志，或者未对危险化学品管道定期检查、检测的。

（二）进行可能危及危险化学品管道安全的施工作业，施工单位未按照规定书面通知管道所属单位，或者未与管道所属单位共同制定应急预案、采取相应的安全防护措施，或者管道所属单位未指派专门人员到现场进行管道安全保护指导的。

（三）危险化学品生产企业未提供化学品安全技术说明书，或者未在包装（包括外包装件）上粘贴、拴挂化学品安全标签的。

（四）危险化学品生产企业提供的化学品安全技术说明书与其生产的危险化学品不相符，或者在包装（包括外包装件）粘贴、拴挂的化学品安全标签与包装内危险化学品不相符，或者化学品安全技术说明书、化学品安全标签所载明的内容不符合国家标准要求的。

（五）危险化学品生产企业发现其生产的危险化学品有新的危险特性不立即公告，或者不及时修订其化学品安全技术说明书和化学品安全标签的。

（六）危险化学品经营企业经营没有化学品安全技术说明书和化学品安全标签的危险化学品的。

（七）危险化学品包装物、容器的材质以及包装的型式、规格、方法和单件质量（重量）与所包装的危险化学品的性质和用途不相适应的。

（八）生产、储存危险化学品的单位未在作业场所和安全设施、设备上设置明显的安全警示标志，或者未在作业场所设置通信、报警装置的。

（九）危险化学品专用仓库未设专人负责管理，或者对储存的剧毒化学品以及储存数量构成重大危险源的其他危险化学品未实行双人收发、双人保管制度的。

（十）储存危险化学品的单位未建立危险化学品出入库核查、登记制度的。

（十一）危险化学品专用仓库未设置明显标志的。

（十二）危险化学品生产企业、进口企业不办理危险化学品登记，或者发现其生产、进口的危险化学品有新的危险特性不办理危险化学品登记内容变更手续的。

从事危险化学品仓储经营的港口经营人有前款规定情形的，由港口行政管理部门依照前款规定予以处罚。储存剧毒化学品、易制爆危险化学品的专用仓库未按照国家有关规定设置相应的技术防范设施的，由公安机关依照前款规定予以处罚。

生产、储存剧毒化学品、易制爆危险化学品的单位未设置治安保卫机构、配备专职治安保卫人员的，依照《企业事业单位内部治安保卫条例》的规定处罚。

第七十九条　危险化学品包装物、容器生产企业销售未经检验或者经检验不合格的危险化学品包装物、容器的，由质量监督检验检疫部门责令改正，处10万元以上20万元以下的罚款，有违法所得的，没收违法所得；拒不改正的，责令停产停业整顿；构成犯罪的，依法追究刑事责任。

将未经检验合格的运输危险化学品的船舶及其配载的容器投入使用的，由海事管理机构依照前款规定予以处罚。

第八十条　生产、储存、使用危险化学品的单位有下列情形之一的，由安全生产监督管理部门责令改正，处5万元以上10万元以下的罚款；拒不改正的，责令停产停业整顿直至由原发证机关吊销其相关许可证件，并由工商行政管理部门责令其办理经营范围变更登记或者吊销其营业执照；有关责任人员构成犯罪的，依法追究刑事责任：

（一）对重复使用的危险化学品包装物、容器，在重复使用前不进行检查的。

（二）未根据其生产、储存的危险化学品的种类和危险特性，在作业场所设置相关安全设施、设备，或者未按照国家标准、行业标准或者国家有关规定对安全设施、设备进行经常性维护、保养的。

（三）未依照本条例规定对其安全生产条件定期进行安全评价的。

（四）未将危险化学品储存在专用仓库内，或者未将剧毒化学品以及储存数量构成重大危险源的其他危险化学品在专用仓库内单独存放的。

（五）危险化学品的储存方式、方法或者储存数量不符合国家标准或者国家有关规定的。

（六）危险化学品专用仓库不符合国家标准、行业标准的要求的。

（七）未对危险化学品专用仓库的安全设施、设备定期进行检测、检验的。

从事危险化学品仓储经营的港口经营人有前款规定情形的，由港口行政管理部门依照前款规定予以处罚。

第八十一条　有下列情形之一的，由公安机关责令改正，可以处 1 万元以下的罚款；拒不改正的，处 1 万元以上 5 万元以下的罚款：

（一）生产、储存、使用剧毒化学品、易制爆危险化学品的单位不如实记录生产、储存、使用的剧毒化学品、易制爆危险化学品的数量、流向的。

（二）生产、储存、使用剧毒化学品、易制爆危险化学品的单位发现剧毒化学品、易制爆危险化学品丢失或者被盗，不立即向公安机关报告的。

（三）储存剧毒化学品的单位未将剧毒化学品的储存数量、储存地点以及管理人员的情况报所在地县级人民政府公安机关备案的。

（四）危险化学品生产企业、经营企业不如实记录剧毒化学品、易制爆危险化学品购买单位的名称、地址、经办人的姓名、身份证号码以及所购买的剧毒化学品、易制爆危险化学品的品种、数量、用途，或者保存销售记录和相关材料的时间少于 1 年的。

（五）剧毒化学品、易制爆危险化学品的销售企业、购买单位未在规定的时限内将所销售、购买的剧毒化学品、易制爆危险化学品的品种、数量以及流向信息报所在地县级人民政府公安机关备案的。

（六）使用剧毒化学品、易制爆危险化学品的单位依照本条例规定转让其购买的剧毒化学品、易制爆危险化学品，未将有关情况向所在地县级人民政府公安机关报告的。

生产、储存危险化学品的企业或者使用危险化学品从事生产的企业未按照本条例规定将安全评价报告以及整改方案的落实情况报安全生产监督管理部门或者港口行政管理部门备案，或者储存危险化学品的单位未将其剧毒化学品以及储存数量构成重大危险源的其他危险化学品的储存数量、储存地点以及管理人员的情况报安全生产监督管理部门或者港口行政管理部门备案的，分别由安全生产监督管理部门或者港口行政管理部门依照前款规定予以处罚。

生产实施重点环境管理的危险化学品的企业或者使用实施重点环境管理的危险化学品从事生产的企业未按照规定将相关信息向环境保护主管部门报告的，由环境保护主管部门依照本条第一款的规定予以处罚。

第八十二条　生产、储存、使用危险化学品的单位转产、停产、停业或者解散，未采取有效措施及时、妥善处置其危险化学品生产装置、储存设施以及库存的危险化学品，或者丢弃危险化学品的，由安全生产监督管理部门责令改正，处 5 万元以上 10 万元以下的罚款；构成犯罪的，依法追究刑事责任。

生产、储存、使用危险化学品的单位转产、停产、停业或者解散，未依照本条例规定将其危险化学品生产装置、储存设施以及库存危险化学品的处置方案报有关部门备案的，分别由有关部门责令改正，可以处 1 万元以下的罚款；拒不改正的，处 1 万元以上 5 万元以下的罚款。

第八十三条　危险化学品经营企业向未经许可违法从事危险化学品生产、经营活动的企业采购危险化学品的，由工商行政管理部门责令改正，处 10 万元以上 20 万元以下的罚款；

拒不改正的，责令停业整顿直至由原发证机关吊销其危险化学品经营许可证，并由工商行政管理部门责令其办理经营范围变更登记或者吊销其营业执照。

第八十四条　危险化学品生产企业、经营企业有下列情形之一的，由安全生产监督管理部门责令改正，没收违法所得，并处10万元以上20万元以下的罚款；拒不改正的，责令停产停业整顿直至吊销其危险化学品安全生产许可证、危险化学品经营许可证，并由工商行政管理部门责令其办理经营范围变更登记或者吊销其营业执照：

（一）向不具有本条例第三十八条第一款、第二款规定的相关许可证件或者证明文件的单位销售剧毒化学品、易制爆危险化学品的。

（二）不按照剧毒化学品购买许可证载明的品种、数量销售剧毒化学品的。

（三）向个人销售剧毒化学品（属于剧毒化学品的农药除外）、易制爆危险化学品的。

不具有本条例第三十八条第一款、第二款规定的相关许可证件或者证明文件的单位购买剧毒化学品、易制爆危险化学品，或者个人购买剧毒化学品（属于剧毒化学品的农药除外）、易制爆危险化学品的，由公安机关没收所购买的剧毒化学品、易制爆危险化学品，可以并处5000元以下的罚款。

使用剧毒化学品、易制爆危险化学品的单位出借或者向不具有本条例第三十八条第一款、第二款规定的相关许可证件的单位转让其购买的剧毒化学品、易制爆危险化学品，或者向个人转让其购买的剧毒化学品（属于剧毒化学品的农药除外）、易制爆危险化学品的，由公安机关责令改正，处10万元以上20万元以下的罚款；拒不改正的，责令停产停业整顿。

第八十五条　未依法取得危险货物道路运输许可、危险货物水路运输许可，从事危险化学品道路运输、水路运输的，分别依照有关道路运输、水路运输的法律、行政法规的规定处罚。

第八十六条　有下列情形之一的，由交通运输主管部门责令改正，处5万元以上10万元以下的罚款；拒不改正的，责令停产停业整顿；构成犯罪的，依法追究刑事责任：

（一）危险化学品道路运输企业、水路运输企业的驾驶人员、船员、装卸管理人员、押运人员、申报人员、集装箱装箱现场检查员未取得从业资格上岗作业的。

（二）运输危险化学品，未根据危险化学品的危险特性采取相应的安全防护措施，或者未配备必要的防护用品和应急救援器材的。

（三）使用未依法取得危险货物适装证书的船舶，通过内河运输危险化学品的。

（四）通过内河运输危险化学品的承运人违反国务院交通运输主管部门对单船运输的危险化学品数量的限制性规定运输危险化学品的。

（五）用于危险化学品运输作业的内河码头、泊位不符合国家有关安全规范，或者未与饮用水取水口保持国家规定的安全距离，或者未经交通运输主管部门验收合格投入使用的。

（六）托运人不向承运人说明所托运的危险化学品的种类、数量、危险特性以及发生危险情况的应急处置措施，或者未按照国家有关规定对所托运的危险化学品妥善包装并在外包装上设置相应标志的。

（七）运输危险化学品需要添加抑制剂或者稳定剂，托运人未添加或者未将有关情况告知承运人的。

第八十七条　有下列情形之一的，由交通运输主管部门责令改正，处10万元以上20万元以下的罚款，有违法所得的，没收违法所得；拒不改正的，责令停产停业整顿；构成犯罪的，依法追究刑事责任：

（一）委托未依法取得危险货物道路运输许可、危险货物水路运输许可的企业承运危险化学品的。

（二）通过内河封闭水域运输剧毒化学品以及国家规定禁止通过内河运输的其他危险化学品的。

（三）通过内河运输国家规定禁止通过内河运输的剧毒化学品以及其他危险化学品的。

（四）在托运的普通货物中夹带危险化学品，或者将危险化学品谎报或者匿报为普通货物托运的。

在邮件、快件内夹带危险化学品，或者将危险化学品谎报为普通物品交寄的，依法给予治安管理处罚；构成犯罪的，依法追究刑事责任。

邮政企业、快递企业收寄危险化学品的，依照《中华人民共和国邮政法》的规定处罚。

第八十八条　有下列情形之一的，由公安机关责令改正，处 5 万元以上 10 万元以下的罚款；构成违反治安管理行为的，依法给予治安管理处罚；构成犯罪的，依法追究刑事责任：

（一）超过运输车辆的核定载质量装载危险化学品的。

（二）使用安全技术条件不符合国家标准要求的车辆运输危险化学品的。

（三）运输危险化学品的车辆未经公安机关批准进入危险化学品运输车辆限制通行的区域的。

（四）未取得剧毒化学品道路运输通行证，通过道路运输剧毒化学品的。

第八十九条　有下列情形之一的，由公安机关责令改正，处 1 万元以上 5 万元以下的罚款；构成违反治安管理行为的，依法给予治安管理处罚：

（一）危险化学品运输车辆未悬挂或者喷涂警示标志，或者悬挂或者喷涂的警示标志不符合国家标准要求的。

（二）通过道路运输危险化学品，不配备押运人员的。

（三）运输剧毒化学品或者易制爆危险化学品途中需要较长时间停车，驾驶人员、押运人员不向当地公安机关报告的。

（四）剧毒化学品、易制爆危险化学品在道路运输途中丢失、被盗、被抢或者发生流散、泄露等情况，驾驶人员、押运人员不采取必要的警示措施和安全措施，或者不向当地公安机关报告的。

第九十条　对发生交通事故负有全部责任或者主要责任的危险化学品道路运输企业，由公安机关责令消除安全隐患，未消除安全隐患的危险化学品运输车辆，禁止上道路行驶。

第九十一条　有下列情形之一的，由交通运输主管部门责令改正，可以处 1 万元以下的罚款；拒不改正的，处 1 万元以上 5 万元以下的罚款：

（一）危险化学品道路运输企业、水路运输企业未配备专职安全管理人员的。

（二）用于危险化学品运输作业的内河码头、泊位的管理单位未制定码头、泊位危险化学品事故应急救援预案，或者未为码头、泊位配备充足、有效的应急救援器材和设备的。

第九十二条　有下列情形之一的，依照《中华人民共和国内河交通安全管理条例》的规定处罚：

（一）通过内河运输危险化学品的水路运输企业未制定运输船舶危险化学品事故应急救援预案，或者未为运输船舶配备充足、有效的应急救援器材和设备的。

（二）通过内河运输危险化学品的船舶的所有人或者经营人未取得船舶污染损害责任保险证书或者财务担保证明的。

（三）船舶载运危险化学品进出内河港口，未将有关事项事先报告海事管理机构并经其同意的。

（四）载运危险化学品的船舶在内河航行、装卸或者停泊，未悬挂专用的警示标志，或者未按照规定显示专用信号，或者未按照规定申请引航的。

未向港口行政管理部门报告并经其同意，在港口内进行危险化学品的装卸、过驳作业的，依照《中华人民共和国港口法》的规定处罚。

第九十三条　伪造、变造或者出租、出借、转让危险化学品安全生产许可证、工业产品生产许可证，或者使用伪造、变造的危险化学品安全生产许可证、工业产品生产许可证的，分别依照《安全生产许可证条例》《中华人民共和国工业产品生产许可证管理条例》的规定处罚。

伪造、变造或者出租、出借、转让本条例规定的其他许可证，或者使用伪造、变造的本条例规定的其他许可证的，分别由相关许可证的颁发管理机关处10万元以上20万元以下的罚款，有违法所得的，没收违法所得；构成违反治安管理行为的，依法给予治安管理处罚；构成犯罪的，依法追究刑事责任。

第九十四条　危险化学品单位发生危险化学品事故，其主要负责人不立即组织救援或者不立即向有关部门报告的，依照《生产安全事故报告和调查处理条例》的规定处罚。

危险化学品单位发生危险化学品事故，造成他人人身伤害或者财产损失的，依法承担赔偿责任。

第九十五条　发生危险化学品事故，有关地方人民政府及其有关部门不立即组织实施救援，或者不采取必要的应急处置措施减少事故损失，防止事故蔓延、扩大的，对直接负责的主管人员和其他直接责任人员依法给予处分；构成犯罪的，依法追究刑事责任。

第九十六条　负有危险化学品安全监督管理职责的部门的工作人员，在危险化学品安全监督管理工作中滥用职权、玩忽职守、徇私舞弊，构成犯罪的，依法追究刑事责任；尚不构成犯罪的，依法给予处分。

第八章　附　　则

第九十七条　监控化学品、属于危险化学品的药品和农药的安全管理，依照本条例的规定执行；法律、行政法规另有规定的，依照其规定。

民用爆炸物品、烟花爆竹、放射性物品、核能物质以及用于国防科研生产的危险化学品的安全管理，不适用本条例。

法律、行政法规对燃气的安全管理另有规定的，依照其规定。

危险化学品容器属于特种设备的，其安全管理依照有关特种设备安全的法律、行政法规的规定执行。

第九十八条　危险化学品的进出口管理，依照有关对外贸易的法律、行政法规、规章的规定执行；进口的危险化学品的储存、使用、经营、运输的安全管理，依照本条例的规定执行。

危险化学品环境管理登记和新化学物质环境管理登记，依照有关环境保护的法律、行政法规、规章的规定执行。危险化学品环境管理登记，按照国家有关规定收取费用。

第九十九条　公众发现、捡拾的无主危险化学品，由公安机关接收。公安机关接收或者有关部门依法没收的危险化学品，需要进行无害化处理的，交由环境保护主管部门组织其认定的专业单位进行处理，或者交由有关危险化学品生产企业进行处理。处理所需费用由国家财政负担。

第一百条　化学品的危险特性尚未确定的，由国务院安全生产监督管理部门、国务院环境保护主管部门、国务院卫生主管部门分别负责组织对该化学品的物理危险性、环境危害性、毒理特性进行鉴定。根据鉴定结果，需要调整危险化学品目录的，依照本条例第三条第二款的规定办理。

第一百零一条　本条例施行前已经使用危险化学品从事生产的化工企业，依照本条例规定需要取得危险化学品安全使用许可证的，应当在国务院安全生产监督管理部门规定的期限内，申请取得危险化学品安全使用许可证。

第一百零二条　本条例自 2011 年 12 月 1 日起施行。

参 考 文 献

[1] 郑瑞文．危险化学品防火[M]．北京：化学工业出版社，2002．

[2] 国家安全生产监督管理局．危险化学品安全评价[M]．北京：中国石化出版社，2003．

[3] 刘荣海，陈网桦，胡毅亭，等．安全原理与危险化学品测评技术[M]．北京：化学工业出版社，2004．

[4] 任树奎，等．危险化学品常见事故与防范对策[M]．北京：中国劳动社会保障出版社，2004．

[5] 王显政，魏立军，等．安全生产事故案例分析[M]．北京：煤炭工业出版社，2004．

[6] 国家安全生产监督管理局安全科学技术研究中心．危险化学品名录汇编[M]．北京：化学工业出版社，2004．

[7] 苏华龙．危险化学品安全管理[M]．北京：化学工业出版社，2006．

[8] 李秀琴．烟花爆竹安全与管理[M]．北京：化学工业出版社，2007．

[9] 郝澄，汪洋．气瓶充装与安全[M]．北京：化学工业出版社，2007．

[10] 张先福，苗海珍．民用爆炸物品安全管理[M]．北京：中国人民公安大学出版社，2008．

[11] 崔政斌，崔佳，孔垂玺．危险化学品安全技术[M]．北京：化学工业出版社，2010．

[12] 赵庆贤，邵辉，葛秀坤．危险化学品安全管理[M]．北京：中国石化出版社，2010．

[13] 何光裕，王凯全，黄勇．危险化学品事故处理与应急预案[M]．北京：中国石化出版社，2010．

[14] 陈美宝，王文和．危险化学品安全基础知识[M]．北京：中国劳动社会保障出版社，2010．

[15] 中华人民共和国公安部消防局．中国消防手册 第七卷 危险化学品·特殊毒剂·粉尘[M]．上海：上海科学技术出版社，2006．

[16] 张海峰．危险化学品安全技术大典：第Ⅰ卷[M]．北京：中国石化出版社，2010．

[17] 张海峰．危险化学品安全技术大典：第Ⅱ卷[M]．北京：中国石化出版社，2010．

参考文献